탄소중립과 에너지법

탄소중립과 에너지법

1판 1쇄 찍은날 2024년 2월 15일
펴낸날 2024년 2월 20일

지은이 정연덕
펴낸이 전영재
편집 박명희
펴낸곳 건국대학교출판부
등록 / 제 4-3 호(1971. 6. 21.)
주소 / 05029, 서울특별시 광진구 능동로 120
전화 / 편집팀_(02) 450-3891~2 영업팀_(02) 450-3893
팩스 / (02) 457-7202
홈페이지 / http://press.konkuk.ac.kr
e-mail / press@konkuk.ac.kr

찍은곳 네오프린텍㈜

정가 12,000원

ISBN 978-89-7107-778-8 03360

*** 본 책자는 교육부의 「대학혁신지원사업」 사업비로 제작되었습니다.**

Carbon Neutrality
and
Energy Law

탄소중립과 에너지법

정연덕 저

건국대학교출판부

서문

이 책은 기술 발전에 따른 환경 보전을 위한 탄소중립과 관련 법을 내용으로 한다. 과학기술과 인문사회 및 정책 등 다양한 전공을 가진 학생들이 지구 온난화에 따른 기후변화 문제를 다양한 사고와 새로운 시각으로 검토할 수 있다.

지구 평균기온 상승은 심각한 기후재난을 만들고 있다. 지구 평균기온 1.5도 상승 시 폭염 일수는 산업화 이전의 5배, 2도 상승 시에는 10배로 늘어나고, 1.5도보다 2도 상승 시 식량 감소는 2배에 이른다고 한다.[1] 국제사회는 지구 온난화에 따른 기후변화 대처를 위하여 1988년 UN 총회 결의에 따라 세계기상기구(WMO: World Meteorological Organization)와 유엔환경계획(UNEP: United Nations Environment Programme)에 "기후변화에 관한 정부간 패널(IPCC: Inter-Governmental Panel on Climate Change)"을 설치하였다.[2]

미국은 정책적으로 2035년까지 전력 부문의 100% 탄소 무배출 · 2050 탄소중립 목표를 담은 국가온실가스감축목표 수정안을 제시하였다. 인프라계획과 연계하여 교통 인프라 투자, 기후변화 대응 분야 R&D(Research and Development)에 대한 투자 강화를 추진하고 있다. 새로운 장기저탄소발전전략에서 전력 탈탄소화, 전력화 및 청정연료로의 전환, 에너지 낭비 절감, 메탄 등 Non-CO_2 감축, CO_2 제거 등의 기술적 변혁을 강조하고 있다.

EU는 온실가스 배출량이 2000년대 중반부터 하락세를 보인다. 풍력 발전량이 급격히 증가하여 저탄소발전원 중에서 원자력 다음의 위치를 차지한다. 정책적으로 2050 탄소중립 목표를 추진하기 위한 다양한 정책 수립 및 「유럽기후법」을 제정하였다. EU는 능동적으로 기후변화 문제에 대응하기 위해 2008년에 '2020 기후 · 에너지 패키지(2020 Climate and Energy Package)'를 채택하였다. '2020 기후 · 에너지 패키지'에 따라 2020년까지 1990년 대비 온실가스 배출 20% 감축, 최종에너지 소비에서 재생에너지 비중 20%로 확대, 에너지 효율 20% 증대 등 3가지 '20-20-20 목표'가 설정되었다.[3] EU 차원의 온실가스 배출 감축목표가 2014년에 달성되었지만, 회원국별 온실가스 배출 감축목표 달성은 EU 회원국별로 상이하게 진행되었다. EU 중심 산업국가인 영국, 프랑스, 독일 간에도 온실가스 배출 감축목표 달성에서 차이가 있다. 영국은 '2020 기후 · 에너지 패키지(2020 Climate and Energy Package)' 온실가스 배출 감축목표를 달성했지만,

프랑스와 독일은 달성하지 못했다. 스웨덴, 핀란드, 덴마크와 같이 신재생에너지 이용 확대 목표를 달성한 회원국과 프랑스, 독일과 같이 달성하지 못한 회원국이 EU 내에 공존한다.[4]

유럽연합의 그린딜(Green Deal)은 2050년까지 탄소배출을 영(零)으로 한다는 2019년 유럽집행위원회의 구상이며 2050년까지 80~95%까지 온실가스를 감축할 예정이다. 그 회원국인 독일은 원전 폐쇄(Atomausstieg)에 이어 석탄 폐쇄(Kohleausstieg)를 추진하고 있다.[5] 독일은 제조업 비중이 상대적으로 높은 국가임에도 온실가스 배출은 감소하는 추세이다. 석탄의 비중이 1990년 36.6%에서, 2019년 17.9%로 대폭 감소하였다. 원자력 비중이 급감하고 있으며 풍력과 태양광 및 바이오 연료도 증가하고 있다. 정책적으로 2050년 탄소중립을 선언하였으나 개정을 통해 2045년까지 탄소중립을 달성하는 방향으로 수정하였다. 국가 수소 전략 등을 통해 항공과 해운에는 전력화에 한계가 있다는 인식하에 탄소중립 연료 전환에 대한 연구 추진을 과제로 제시하고 있다.

일본의 경우 후쿠시마 원전사고 이후 화력발전 비중이 늘었으나, 2013년 이후에 온실가스 배출량은 소폭 감소 추세이다. 탄소중립 목표 달성을 위한 기술혁신을 강조하면서 지속해서 관련 정책을 제시하고 있다. 혁신적 환경 이노베이션 전략에서 부문별 기술개발 주제를 제시하고 있으며, 바이오 차 등을 활용한 탄소저장 등을 포함하고 있다.

중국의 경우 경제성장에 따라 온실가스 배출량이 늘어나고 있으나, 최근 배출량 증가세는 다소 완화된 수준이다. 석탄의 에너지공급량이 가장 높아 발전 및 산업 부문의 배출량이 높은 것으로 추정된다. 저탄소 에너지원은 수력이 가장 높으며, 최근 원자력과 풍력의 발전량이 증가하고 있다.

우리나라의 온실가스 배출량은 2019년 기준 전 세계 8위에 해당하는 규모이며, 그 비중은 전 세계 배출량의 약 1.71%를 차지한다. 우리나라 인구는 전 세계 인구의 0.7%를 차지한다. 우리나라 온실가스 배출량은 1977년 약 1천만 톤에 불과했으나 1990년 2억 9천2백만 톤, 2018년 7억 2천7백만 톤으로 급격히 증가했다. 2018년 배출량은 1990년 대비 149% 증가한 수치이다.[6]

이 책은 탄소중립을 중심으로 관련 에너지 정책과 법을 설명한다. 「탄소중립 · 녹색성장 기본법」을 설명하고 탄소중립 전환 실효성과 탄소중립 전환과정에서 피해를 볼 수 있는 지역 · 계층 보호 정책을 검토한다. 우리나라와 더불어 세계 각국 온실가스 감축목표를 알아보고 파리기후변화협정(Paris Agreement) 채택 현황과 국가별 입장에 따른 이행 가능성을 검토한다. 원자력발전과 관련 내용으로 원자력발전 사고(체르노빌, 후쿠시마), 원자력발전 현황과 문제점, 원자력 관련 법과 탈원전 문제점 및 대안을 검토한다. 에너지 기본법을 검토하여 신 · 재생에너지 국제 현황과 국내 사용을 본다. 태양열발전의 문제점 및 대안을 검토한다. 기후변화를 대비한 녹색경영과 녹색기술 개발, 녹색성장 개념과 관련한 정책을 살펴보고 탄소배출권거래법과 탄소배출권 거래 실효성 및 개선방안, 탄소배출권 거래 유통 시장, 탄소배출권 유통의 구조와 자본시장 이슈를 검토한다. ESG 경영(Environment, Social, Governance)과 탄소중립을 검토하여 에너지와 관련성을 검토한다. 친환경자동차법과 관련 전기자동차 산업의 현황과 문제점, 국내 전기차 배터리 산업의 현황, 사용 후 배터리 처리와 환경을 살펴본다.

이 책을 통하여 단순한 법 조항의 의미 해석만이 아닌 기후 온난화 등 기후변화 문제에 우리나라를 포함한 전 세계적 노력과 정책을 알아본다. 심화하는 기후재난에 선제적으로 대비하고, 기후위기에 적응하기 위한 정책을 정부가 일방적으로 주도하는 것이 아닌 탄소중립 전환 취약지역 문제에 대한 균형적 고려도 같이해야 한다. 정책의 시행으로 탄소중립 사회로의 전환과정에서 어려움을 겪을 수 있는 취약계층 · 산업 · 지역에 부정적 영향을 검토하고 균형점을 모색한다. 형식적인 정책이나 법이 아닌 국민이 일상생활 속에서 탄소중립 생활을 실천하는 방안도 생각해 본다. 이를 통하여 탄소중립을 실천하여 기후변화 위기를 극복할 수 있을 것이다.

2024년 2월

일감호가 보이는 연구실에서

정 연 덕

차례

Chapter 01

「탄소중립 · 녹색성장 기본법」

Chapter

01 「탄소중립·녹색성장 기본법」

I | 「탄소중립 · 녹색성장 기본법」

1. 「탄소중립기본법」의 제정과 관련 용어 해설

우리나라는 2020년 국제사회의 적극적인 기후위기대응 움직임에 동참하여 2050년까지 탄소 순 배출량 제로를 의미하는 탄소중립을 달성하겠다고 선언하였다. 2021년 「기후위기 대응을 위한 탄소중립 · 녹색성장 기본법」(이하 「탄소중립기본법」이라 한다)을 제정하였다. 탄소중립 목표를 법률에 명문화하였다.[7]

「탄소중립기본법」은 2050 탄소중립이라는 국가목표 달성을 위한 법정 절차와 정책수단을 담은 법률로 2021년 9월 24일 제정 · 공포되었다. 이후 6개월 동안 탄소중립위원회 주관으로 관계부처 협의를 통해 하위법령 제정 작업을 거쳐 법체계가 완비되었다.

'탄소중립'이란 온실가스의 순 배출량을 영(零)으로 하는 넷 제로(Net Zero Emission: 이하 넷 제로)를 말한다. 「탄소중립기본법」은 이를 "대기 중에 배출 방출 또는 누출되는 온실가스의 양에서 온실가스 흡수의 양을 상쇄한 순 배출량이 영(零)이 되는 상태"라고 정의한다(동법 제2조 제3호).[8] 「탄소중립기본법」의 주요 내용을 보면 정부는 2050년까지 탄소중립 목표를 실현하기 위해 국가전략을 수립하여야 한다(동법 제7조). 중장기 감축목표를 설정하고 그 이행 현황을 매년 점검하며, 중앙행정기관 지방자치단체 공공기관은 부진 개선 사항을 해당 기관의 정책 등에 의무적으로 반영하도록 하고 있다(동법 제8조 및 제9조). 정부는 20년을 계획기간으로 하는 '국가 탄소중립 녹색성장 기본계획'을 5년마다 수립 시행하고, 지방자치단체의 차원에서도 시 · 도 탄소중립 녹색성장 기본계획 및 시 · 군 · 구 탄소중립 녹색성장 기본계획을 수립 시행하도록 하고 있다(동법 제10조부터 제12조까지). 탄소중립 사회로의 이행과 녹색성장의 추진을 위한 정책이나 계획과 그 시행을 위한 중심적 기구로서 대통령 소속으로 '2050 탄소중립녹색성장위원회'를 둔다. 「탄소중립기본법」에는 온실가스 감축을 위한 제도로써 기후변화영향평가[9], 온실가스감축인지 예산제도[10], 배출권거래제, 공공부문과 관리업체의 온실가스 목표관리(동법 제26조, 제27조), 탄소중립 도시(동법 제29조), 탄소흡수원 확충(동법 제33조), 탄소포집 이용 저장기술[11]의 육성(동법 제34조) 등을 규정하였다.[12]

우리나라는 2050 탄소중립 비전을 법제화한 14번째 국가가 되었다. 중간목표인 2030년 국가온실가스감축목표(NDC)[13]를 40%로 대폭 상향하여 진정성 있는 정책추진 의지를 법제화하였다. 기후변화 영향평가, 온실가스감축인지 예산 등 국가재정 및 계획 전반에 탄소중립을 주류화하기 위한 새로운 제도적 수단을 마련하였다. 법 내용에는 탄소중립 전환과정에서 피해를 볼 수 있는 지역 · 계층을 보호하기 위한 정의로운 전환의 원칙도 명시하였다. 기후대응기금은 탄소중립 사회 이행과 녹색성장을 촉진하기 위하여 설치하는 기금이다. 배출권 유상할당 수입과 교통 · 에너지 · 환경세 전입금 등으로 재원을 확보하고, 산업전환과 기업 온실가스 감축 활동 등을 지원한다.「탄소중립 기본법」 시행에 따른 주요 내용을 알아본다.

2. 2050 탄소중립 비전과 이행체계

2050 탄소중립 비전을 명시하고 중장기 국가온실가스감축목표(NDC)를 2018년 대비 40%로 명시하였다. 법률에서 35% 이상의 범위에서 중장기 국가온실가스감축목표를 정하도록 위임하였다. 제조업 비중이 높은 국내 여건을 고려할 때 쉽지 않은 목표이다. 탄소중립 실현과 온실가스 감축을 위한 우리 정부의 의지를 반영하고 있다. NDC 상향안을 2022년 10월 탄소중립위원회 전체회의와 국무회의 심의를 거쳐 12월 유엔기후변화협약 사무국에 제출하였다. 감축목표 달성을 위해 국가 전체와 지역 단위까지 기본계획을 수립하여 점검하

도록 하는 등 탄소중립 이행체계를 확립하였다. 법 시행 후 1년 내 정부는 20년을 계획기간으로 하는 국가 탄소중립 기본계획을 수립(수립주기 5년)하고, 지방자치단체는 국가 기본계획을 고려하여 10년을 계획기간으로 하는 시 · 도 및 시 · 군 · 구 기본계획을 차례로 수립하였다. 탄소중립에 대한 사회 각계각층의 의견을 모으는 협치(거버넌스)인 '2050 탄소중립녹색성장위원회'도 새롭게 구성하였다. 위원회는 탄소중립 기본방향과 주요 계획 및 정책에 대해 심의 · 의결하고, 추진 현황과 성과를 점검하는 등의 역할을 수행한다. 위원회는 국무총리와 민간위원을 공동위원장으로 하며, 탄소중립 관련 정부 부처를 아우르는 당연직 위원[14]과 사회 각계를 대표하고 전문성을 갖춘 민간위원으로 구성되는 민 · 관 협치(거버넌스) 기구이다. 지역 단위에서도 관련 정책 및 계획에 다양한 지역 목소리를 반영하도록 '지방탄소중립녹색성장위원회'를 구성하였다.

3. 온실가스 감축

국가 주요 계획과 대규모 개발사업, 국가재정 전반에 온실가스 감축을 유도하는 '온실가스감축인지 예산'과 '기후변화 영향평가'가 도입되었다. 국가 예산이 온실가스 감축에 미칠 영향을 분석하여 예산 편성에 반영하고 결산 시 적정 집행되었는지 평가하는 '온실가스감축인지 예산'은 기획재정부와 환경부 주관으로 2023년 회계연도부터 적용되고 있다. '기후변화 영향평가'는 온실가스를 다량 배출하거나 기후위기에 취약한 계획 · 사업에 대해 기후변화 영향을 사전에 평가한다. 2022년 시범사업을 거쳐 2023년 9월부터 단계적으로 도입하였다. 탄소중립 도시의 지정, 녹색교통의 활성화, 탄소흡수원 확충 등 부처별로 특화된 감축정책을 추진할 근거도 마련하였다. 환경부와 국토교통부는 공동으로 탄소중립을 공간적으로 구현하는 '탄소중립 도시'를 추진해 나갈 예정이다. 지자체의 탄소중립 모델을 발굴 · 시행하여 전 국토 확산 기반을 마련하고, 탄소중립 수준을 진단하여 종합적인 탄소중립 도시 구축전략을 마련하는 한편, 배출 · 흡수정보를 공간적으로 구현하는 '(가칭)탄소공간지도'도 제작한다. 수송 부문에서 산업통상자원부, 환경부, 국토교통부, 해양수산부 등 관계부처가 협업하여 온실가스 감축목표를 설정하고, 대중교통 활성화, 전기 · 수소차 전환, 철도 · 항공 · 선박의 친환경화 등 녹색교통을 활성화한다. 탄소흡수원 확충을 위해 농림축산식품부, 환경부, 해양수산부, 산림청 등 관계부처는 산림의 지속 가능한 관리로 탄소흡수기능을 증진하고, 연안 · 해양, 농경지, 정주지 등으로 흡수원을 확대할 예정이다. 「파리기후변화협정」 제6조에 따른 국제감축사업 추진 근거도 마련하였다. 각국 또는 사업자는 국가 간 협력을 통해 국제 온실가스 감축사업을 시행하고 발생한 감축분을 국가목표 달성에 활용한다. 향후 발전 · 산업, 농 · 축산, 건물 · 수송, 해양 · 항만 등 다양한 분야에서 농림축산식품부, 산업통상자원부, 환경부, 국토교통부 등 부문별 관장기관 중심으로 국제감축사업을 추진할 예정이다.

4. 기후위기 적응 및 정의로운 전환, 녹색성장

심화하는 기후재난에 선제적으로 대비하고, 기후위기에 적응하기 위한 시책도 강화하고 있다. 대기 중의 온실가스 농도 변화를 상시 측정, 조사, 및 공개하고, 기후위기 감시 · 예측의 정확도를 높이기 위한 기상정보관리체계를 구축하는 한편, 기후위기가 생태계, 대기, 물 등 환경에 미치는 영향을 조사 · 평가하기 위한 기후위기적응 정보관리체계도 구축 · 운영한다. 국가 차원에서 취약성 평가, 취약계층 · 지역 재해예방을 포함하는 '기후위기적응대책'을 5년마다 수립하여 점검해 나가고, 시 · 도 및 시 · 군 · 구 단위까지 확대해 나갈 예정이다. 탄소중립 이행과정에서 피해가 발생하는 지역이나 계층을 보호하고 지원하기 위한 정의로운 전환 시책 마련도 필요하다. 산업통상자원부, 고용노동부 등 관계부처가 협업하여 기후위기 사회안전망을 강화하고, 고용안정, 실업지원, 사업전환 지원 등의 종합적인 지원대책을 마련할 계획이다. 탄소중립 전환에 국가 역량을 집중하나 정의로운 전환은 아직 제도 초기 단계이며, 관련 정책추진에 있어서 지자체 간 역량 및 경험에 격차가 심각하다.

우리나라도 저탄소에서 탄소중립으로 정책목표와 강도를 높이고, 탄소중립 사회로의 전환과정에서 어려움을 겪을 수 있는 취약계층 · 산업 · 지역에 대한 선제 대응이 필요함을 인식하고 있다. 국제사회의 기조와 달리 탄소중립 전환 취약지역 문제에 대한 고려가 미흡하고 지역 정책적 접근도 부족한 실정이다. 급격한 탄소중립 이행과정에서 피해가 큰 취약지역에 대해 정의로운 특별지구로 지정하여 지원할 예정이며, 지원기구로서 '정의로운 전환 지원센터'도 설립 · 운영할 예정이다. 탄소중립 전환의 영향은 특정 부문에 국한되지 않으므로 전환으로 인한 부정적 영향을 선제적으로 종합 점검하여 정책효과를 극대화할 필요가 있다.[15] 「탄소중립기본법」 '제7장 정의로운 전환' 내용을 다음과 같이 개정하였다. 탄소중립 전환을 위한 신규 시설의 입지에 관한 사항, 탄소중립 이행과정에서 국지적으로 발생하는 환경적 영향에 관한 사항, 주민의 수용성을 높이기 위한 수단을 구체화하였다.[16] 탄소중립의 핵심 이행 수단으로 녹색경제를 구현하고 녹색산업을 육성 · 지원하기 위한 녹색성장 시책도 마련하였다. 이를 위해 기업의 녹색경영과 녹색기술의 개발 및 사업화를 촉진하기 위해, 체제 전환을 위한 기술지원, 금융지원 등의 방안을 마련하고, 기후위기 대응을 위한 금융상품의 개발 등의 시책을 수립하여야 한다. 또한, 녹색기술 · 산업의 표준화 기반을 구축하고, 녹색일자리를 창출하는 한편, 녹색재화 · 서비스를 촉진하는 방향으로 조세제도를 운영하는 등 사회 · 경제 전반의 녹색전환을 추진하여야 한다.

5. 탄소중립 재정 및 실천기반

탄소중립 정책의 안정적 추진과 산업구조 개편 등에 필요한 재원을 마련하기 위한 '기후대응기금'도 신설하였다. 기후대응기금은 「탄소중립기본법」에 따라 기후위기 대응 및 탄소중립 이행 촉진을 위해

2022년부터 운영 중인 기금이다. 2023년 예산은 2조 4,913억 원, 2024년 예산은 약 2조 4,158억 원이다. ① 온실가스 감축, ② 신유망 · 저탄소 산업 생태계 조성, ③ 공정한 전환, ④ 제도 · 기반 구축 등 4대 핵심 분야에 중점적으로 지원한다. 향후 온실가스 감축 효과를 극대화하는 감축 사업을 최우선 지원하고, 녹색금융 · 기술개발 사업 등에도 투자 규모를 지속해서 확대해, 탄소중립을 뒷받침하는 대표적인 재정 프로그램으로 안착 · 발전시켜 나갈 계획이다. 지역사회와 국민 생활 속에서 탄소중립을 위한 녹색생활이 확산할 수 있도록 그 실천 기반도 마련하였다. 지방자치단체장이 직접 참여하는 '탄소중립 지방정부 실천연대'가 법정 조직으로 새롭게 구성되어, 기후 행동 실천 및 확산을 위해 행정안전부, 환경부 등 관계부처와 공동 협력한다. 또한, 지역 기반의 탄소중립 모델을 발굴 · 확산할 전문기관으로서 '탄소중립 지원센터'도 설립한다. 국민이 일상생활 속에서 전자영수증 받기, 보충스테이션 및 다회용기 사용 등 탄소중립 생활을 실천하면 경제적 혜택을 제공하는 '탄소중립실천포인트' 제도도 시행한다.

6. 관련 기술

녹색기술은 탄소중립을 이루고 녹색성장을 촉진하기 위한 기술로, 사회 · 경제 활동의 전 과정에 걸쳐 화석에너지의 사용을 대체하고 에너지와 자원을 효율적으로 사용하는 기술이다(「탄소중립기본법」 제2조 제16호). 이러한 녹색기술은 그 자체가 특정한 기술이라기보다는 탄소중립과 지속 가능한 발전을 위하여 요구되는 다양한 기술을 포괄하는 개념이다. 이에는 온실가스 감축과 기후변화 적응에 관한 기술인 '기후변화대응 기술', 에너지의 사용을 절감하거나 효율적인 이용을 촉진하는 '에너지 이용효율화기술', 제품의 설계 및 공정 등의 생산과정에서 환경오염을 줄이거나 녹색제품을 생산하는 '청정생산기술', 수소에너지 및 태양에너지 등과 같은 '신 · 재생에너지기술', 폐기물의 발생을 억제하고 이를 적정하게 재활용하는 '자원순환기술', 환경오염을 현저히 줄일 수 있거나 환경에 유해하지 않은 '친환경기술' 등 크게 6가지 기술로 구성되어 있다. 즉, 이와 같은 다양한 기술을 모두 포함하여 녹색기술이라 칭하는 것으로, 그 범위는 상당히 광범위하다.[17] 「탄소중립기본법」 제60조는 녹색기술 중에서도 일정한 대상과 기술기준에 부합하는 기술을 녹색기술로 인증하여, 수많은 기술 중에서 일정한 기준을 충족하는 특정한 기술을 공식적으로 녹색기술로 인증하고 있다. 이는 녹색산업에 대한 민간의 참여를 확대하고 녹색기술의 발전을 촉진하기 위한 것으로 녹색기술 인증을 받으면 기술개발제품 우선구매제도, 중소기업 정책자금 융자, 그린뉴딜 유망기업 100 프로젝트 등과 같은 행정적 · 재정적 혜택의 대상이 될 수 있도록 하고 있다. 이러한 녹색기술 인증에 관하여는 산업통상자원부, 중소벤처기업부, 환경부, 해양수산부, 농림축산식품부, 기획재정부, 문화체육관광부, 과학기술정보통신부, 국토교통부 총 9개 부처 합동 고시인 「녹색인증운영요령」에 상세히 규정되어 있고, 인증대상 녹색기술과 기술기준에 관해 규정하고 있으며, 2022년 9월을 기준으로 총 1,022개의 기술이

녹색기술로 인증되어 있다.[18]

녹색기술 중 탄소중립에 핵심적 역할을 수행하는 기후변화대응 기술은 「기후변화대응 기술개발 촉진법」(이하 「기후기술법」)에서 온실가스 감축기술과 기후변화 적응기술로 분류하고 있다. 먼저, 온실가스 감축기술에는 ① 온실가스를 배출하지 않거나 기존보다 적게 배출하면서 열 또는 전기를 생산하는 기술, ② 온실가스 배출량을 줄일 수 있는 연료 · 원료 또는 제품을 생산 · 운송 · 활용하는 기술, ③ 에너지의 생산 · 저장 · 전달 · 소비 효율을 향상하거나 에너지 사용을 최적화하는 기술, ④ 온실가스를 포집 · 저장 · 활용 등의 방식으로 처리하거나 흡수 또는 대체하는 기술, ⑤ 이러한 기술 중 둘 이상의 기술을 융합하여 에너지를 생산 · 저장 · 전달 · 소비하는 기술 등이 있다(「기후기술법 시행규칙」 제2조). 그리고 기후변화 적응기술에는 ① 기후변화를 감시 및 예측하는 기술, ② 기후변화가 사회 · 경제 · 환경에 미치는 긍정적 · 부정적 영향과 기후변화에 대한 취약성 그리고 그에 따른 위험성을 조사 · 분석 · 진단하는 기술, ③ 기후변화 적응 역량을 높이고 기후탄력성을 강화할 수 있는 기술, ④ 기후변화 적응 관련 정책이나 기술의 진척 및 효과를 분석 · 평가하는 기술 등이 있다(「기후기술법 시행규칙」 제3조). 다만 이러한 기술은 현재 개발 중인 것도 있고 실용화가 되지 않은 것도 있어 앞으로 더 많은 기술개발이 필요하다.

Chapter 02

세계 각국의 온실가스 감축 목표 및 관련 법령

Chapter 02

세계 각국의 온실가스 감축 목표 및 관련 법령

1. 파리기후협정과 유럽

(1) 파리기후협정

최근 해수면 상승, 기후 온난화 등 기후변화 문제가 갈수록 심각해지고 있다. 우리나라를 포함한 전 세계 195개국은 파리기후변화협정(Paris Agreement)을 채택하여 공동 대응하기 위하여 노력하고 있다. 이 협정에 따르면 각 참여국은 자체적으로 국가온실가스감축목표(NDC)를 정하여 5년마다 제출하여야 하며 그 이행 상황을 점검받아야 한다.[19] 파리기후변화협정은 산업화 이전 대비지구 평균온도 상승을 2도 아래로 유지하되 산업화 이전 대비 지구평균기온 상승을 1.5도 이내로 제한하는 것을 목표로 삼았다. 참여국은 국가 온실가스 배출 인벤토리, 감축목표 달성 경과 등을 정기적으로 보고해야 한다.[20]

(2) 유럽 그린딜

EU 집행위원회는 2019년 12월 '유럽 그린딜(European Green Deal)'을 공표하였다. 2050년까지 온실가스 실질배출 제로를 통한 기후중립성 달성, 경제성장과 자원이용 디커플링(탈동조화) 및 기후중립 이행에 있어 누구도, 어느 지역도 예외로 하지 않겠다는 목표를 제시하였다.[21] 원활한 달성을 위해 2021년 6월에 2030년까지 온실가스 배출을 실질 55% 감축한다는 「유럽기후법」(European Climate Law)도 제정하였다. 유럽 그린딜 하에서 「클린 에너지」, 「지속 가능한 산업」, 「에너지 · 자원 효율적인 건축 및 리노베이션」, 「지속 가능하고 스마트한 모빌리티로의 이행 촉진」, 「생물 다양성 및 에코 시스템의 보전」, 「농장에서 식탁까지」, 「독물이 없는 환경을 향한 오염 제로 계획」의 7개 영역으로 분류된 다양한 정책 패키지를 공표하고 순차적으로 실행을 진행하고 있다.[22]

(3) EU 의회의 Fit for 55 주요 입법안 발표

2021년 7월 EU 집행위원회는 2030년까지 1990년 대비 탄소배출을 55% 감축하고 2050년까지는 탄소배출 제로를 목표로 하는 입법안 패키지 'Fit for 55'을 발표하였다. 'Fit for 55'는 13개의 법률 개정안 패키지로 구성되어 있는데 이 중 8개는 기존 법에 대한 개정안이고 5개는 새로운 제도에 관한 내용을 담은 제안이다.[23]

2022년 6월 EU 의회는 2021년 7월에 발표된 Fit for 55 입법안

패키지의 수정 입법안을 발표하였다. 'Fit for 55' 입법안을 통해 EU는 1990년 대비 2030년까지 탄소배출을 최소 55% 감축하고 2050년까지 탄소배출 제로의 목표를 달성하려는 노력을 시작하였다.[24]

구체적으로 EU 의회는 EU 역내 배출권 거래제도(EU-ETS: European Union Greenhouse Gas Emission Trading System)의 대상이 아닌 분야에서 회원국 간의 노력공유규정/토지사용, 토지이용, 토지이용의 변화 및 산림규정/사회기후기금/승용차와 승합차에 대한 새로운 탄소배출기준에 대해 합의하였다. 또한, 2030년까지 온실가스를 감축하는 데 승용차의 온실가스는 55%, 승합차의 온실가스는 50%를 감축하고, 2035년부터 새로 출시되는 차의 온실가스 배출은 0%를 달성하는 것이 목표이다. 또한, 2030년까지 재생에너지 비율을 40%로 증가하고, 1차 및 최종 에너지 소비에 있어서 에너지 효율성을 36~39% 올리는 것이 목적이다. 자연 복원을 통하여 자연탄소흡수원(Natural Carbon Sink)을 310MT(과거에는 230MT, 현재 268MT)까지 올리는 목표를 가지고 있다.[25]

(4) EU의 탄소배출권거래제

EU의 기후변화 대응정책에서 가장 중요한 것 중 하나는 탄소배출권거래제(ETS)이다. EU는 2003년 배출거래지침을 제정하였고, 2005년부터 본격적으로 배출권거래제를 시행하였다. EU-ETS는 온실가스 배출량의 한계를 정하고 그 한계 이하를 배출하는 기업은 배출권을 팔고, 그 한계 이상을 배출하는 기업은 배출권을 사는 방식으로 배출권을 거래할 수 있도록 시스템을 구축하였다.[26] 'Fit for 55'는 탄소배출권거래제(ETS)의 적용대상을 확대하고 기준을 강화하였다. 기존 EU ETS의 대상은 전기, 철강, 알루미늄, 화학, 시멘트, 및 역내 항공 등이었지만 'Fit for 55'는 항공, 해운, 육상운송과 건축물 분야에도 강화 및 확대 적용된다. 기존에 항공 부문에 적용되던 무상할당은 2026년까지 단계적으로 폐지되어 2027년부터 전면 유상할당 시스템으로 전환된다. 해운 분야에 ETS가 최초로 적용되며 2023~2025년 사이에 점차 확대 적용될 계획이다. 구체적으로 총 화물 톤수 5천GT 이상의 대규모 선박에 적용되며 국적 상관없이 EU 역내에서 항해 선박과 EU 역외에서 EU 역내로 출발하거나 도착하는 선박의 탄소 배출량의 50%가 EU ETS의 적용대상이 될 계획이다. 육상운송 및 건축물 분야에도 ETS가 최초로 적용되는데, 독립적이고 새로운 ETS가 건물 및 육상운송 섹터에서 연료 공급기업에게 적용되며 2027년부터 시행될 계획이다.[27]

(5) EU 탄소국경조정제도

EU는 2019년 '유럽 그린딜'을 발표하는 등 탄소배출 감축을 위해 다양한 정책적 노력을 하고 있다. EU의 탄소규제가 강화될수록 기업들은 환경을 오염시키는 생산시설을 탄소배출규제가 느슨한 국가로 이전하거나, EU의 상품이 탄소집약적인 수입품으로 대체되는 탄소누출(Carbon Leakage)이 발생할 수 있다. EU는 중국, 러시아, 아시아 순으로 탄소가 유입되고 있다고 주장한다. 이에 대응하기 위해, EU

는 EU 역외로부터 수입되는 상품에 새롭고 친환경적인 조정제도인 유럽연합 탄소국경조정제도(CBAM: Carbon Border Adjustment Mechanism)를 도입하였다. CBAM은 유럽 내 기업들이 오히려 유럽 외 기업들보다 경쟁력이 약화하게 되는 문제를 막고자 EU 역외 생산제품의 생산과정에서 배출되는 탄소에 공정한 가격을 부여하고 EU 외 국가가 더욱 친환경적인 산업정책을 하도록 장려한다.[28] 또한, 파리기후변화협정 등 국제기후 규범을 준수하지 않으며 탄소배출비용을 부담하지 않는 역외국의 제품과 탄소배출비용을 부담하는 역내 산업의 비용부담을 상쇄하여 EU상품의 가격경쟁력을 높이고 공정한 무역이 되도록 하고자 하는 목적도 가진다.[29] 적용 방식을 보면 EU의 사업체는 CBAM의 대상인 상품을 수입 시에 만일 그 상품이 ETS에 따라 생산되었다면 지불했을 가격에 상당하는 가격을 탄소국경조정세로 지불해야한다. 제3국에서 지불된 탄소가격은 전액 공제된다. EU 집행위원회 안은 2023년 1월 1일부터 2025년 12월 31일까지의 3년간을 과도 기간으로 설정하여 2026년부터 본격 시행하며, EU 의회 안은 2023년 1월 1일부터 2026년 12월 31일까지 4년간의 준비기간을 거쳐서, 2027년부터 본격 시행된다. 즉, 준비기간 동안에는 실제 비용지불 없이 보고만 하고, 본격 시행일부터 탄소국경조정세를 지불한다. 그리고 모든 분야에서 무상할당권의 폐지에 대하여, EU 집행위원회안 및 EU 이사회안은 2026년부터 개시하여 2035년에 완전폐지하는 내용을 담고 있다. EU 의회안은 2027년 개시하여 2032년에 완전폐지하는 내용을 담고 있다. EU ETS의 배출권 무상할당이 완전

폐지되면 CBAM으로 완전히 대체된다.[30]

2. 개별 국가의 현황

(1) 미국

트럼프 행정부 당시 파리기후변화협정에서 탈퇴하였던 미국은 바이든 행정부 출범 이후 협정에 재가입하면서 2030년까지 달성할 온실가스 감축목표를 2005년 대비 50~52%로 정하고, 2050년까지 탄소중립 달성을 발표하였다. 이러한 정책의 하나로 2021년 11월에 「기반시설투자 및 일자리법」이 제정되어 「청정대기법」과 「2005 에너지정책법」 등 관계 법률이 개정되었다.

(2) 영국

영국은 기후변화 및 탄소 감축목표와 관련하여 「2006 기후변화 및 지속가능에너지법」과 2008년에 제정된 「2008 기후변화법」을 중심으로 규제하고 있다. 온실가스 감축에 대해서는 「2008 기후변화법」에서 2050년까지 탄소 감축목표를 1990년 대비 최소 100%로 강화한다고 제1조에 규정한다. 이 외에 중기목표에 2020년 12월 UN에 제출한 감축목표에 기존의 1990년 대비 2030년까지 57% 감축목표를 68%로 상향하였고, 2021년에는 2035년까지 1990년 대비 78% 감축

목표를 제시하였다. 「2008 기후변화법」은 2050년 탄소 감축목표뿐만 아니라 이를 이행하기 위한 탄소예산(Carbon Budget)에 필요한 계획 수립, 탄소배출거래제 등도 규정한다.

영국은 최근의 석탄발전 감소 추이에도 불구하고 현 추세로는 파리기후변화협정의 목표를 달성할 수 없으며 EU 역내 배출권 거래제도(EU-ETS)와 같은 시장규제와 별개로 강력한 수량규제 방식의 탈석탄 정책이 필요하다고 결론을 내리고 빠르게 탈석탄 정책을 마련하였다.[31] 영국의 석탄발전 비중은 급격히 감소하였고 영국 정부는 석탄발전소가 퇴역할 것을 예상하지만 2025년까지 모든 석탄발전소를 중지하겠다는 별도의 수량규제 정책을 추가로 공식화하였다.[32] 「Energy Act 2013」은 영국 전력 시장의 탈탄소화 목표를 위하여 제정되었다는 점에서 영국의 탈석탄 정책을 이해하는 데 가장 중요한 법률이다. 「Energy Act 2013」은 구체적으로는 영국의 전력시장 구조개편(EMR: Electricity Market Reform)을 법제화하는 내용을 담고 있다. EMR 투자수익 보장 및 전력수급 안정을 위한 정책을 법률로 도입하였다. 주요 내용으로는 장기발전차액계약제도 탄소가격 하한제(Carbon Price Floor), 용량제도 탄소배출 허용기준 강화(Emission Performance Standards) 등이 포함되었다.[33]

(3) 독일

독일 연방정부는 파리기후변화협정을 이행하기 위하여 2016년 11월 '기후보호계획 2050(Klimaschutzplan 2050)'을 수립하고, 1990년 대비 온실가스 배출량을 2020년까지 40%, 2030년까지 55%, 2040년까지 70%, 2050년까지 85%로 단계적으로 줄여나가는 감축안을 발표하였다. 그리고 2019년 12월에 「연방 기후보호법(Bundes-Klimaschutzgesetz)」을 제정하여 탄소중립을 실천하는 데 앞장서고 있다. 이 법 제3조 제1항에서 1990년 대비 온실가스 배출량을 2030년까지 최소 65%, 2040년까지 최소 88% 감소할 것을 명시하고 있다. 이 법의 제4조 및 부록 제2호에서는 6개 분야(에너지경제, 산업, 교통, 건물, 농업, 폐기물 및 기타)를 정하여 분야마다 상세한 연도별 온실가스 배출량을 규정하고 있다.

(4) 일본

일본 정부는 2020년 3월에 지구온난화대책추진본부에서 '국내 배출삭감 · 흡수량 확보를 통해 2013년 대비 온실가스 배출량을 2030년까지 −26% 수준으로 감축'하는 것을 목표로 하는 국가온실가스감축목표(NDC)를 결정하였다. 2021년 4월에 지구온난화대책추진본부의 결정을 바탕으로 2013년 대비 온실가스 배출량을 2030년도까지 46% 감축하는 것을 목표로 내세우고, 새로운 감축목표를 반영한 NDC를 결정하고 이를 UN에 제출하였다. 또한, 「지구온난화대책의 추진에 관한 법률」에 파리기후변화협정 · 2050년 탄소중립선언 등에 따른 기본이념과 관련된 조항을 신설하고, 이 법에 따라 지구온난화대책계획 및 탄소중립 경영 촉진을 위한 기업의 배출량 정보 디지털화 · 오픈데이터화 등을 추진할 방침이다.

(5) 중국

중국은 2021년 기준으로 세계 최대 탄소 배출국이며, 2006년부터 지금까지 매년 탄소 배출량 규모 1위를 기록해왔다. 2018년에는 「대기오염 예방 · 퇴치법」을 개정하였고, 2021년에 '2030년 이전 탄소배출정점 행동방안' 및 '기후변화 대응정책 및 행동백서'를 발표하였다. 이에 따르면 2030년을 기점으로 2005년 대비 온실가스 배출량을 65%까지 감축하고, 2060년에는 탄소중립을 달성하는 것이 국가온실가스감축목표(NDC)이다. 이를 위하여 각 지역별 · 업종별 중장기 추진 전략 및 이행계획을 세우고 있다.

(6) 프랑스

프랑스는 2050년까지 탄소중립 달성을 목표로 2019년 11월 「에너지기후법」을 제정하였다. 2020년 3월 '에너지-기후국가계획(Plan national intégré énergie-climat)'을 수립하여, 2030년까지 온실가스 배출량을 1990년 대비 39.5% 감축할 것으로 목표하고 있다. 이는 기존 「녹색성장을 위한 에너지 전환에 관한 법률」에서 정한 40%에서 소폭 하향조정한 것이다. 한편 2018년 「환경법전」 제132-4조에 따라 온실가스 배출 감축 등을 담당하는 과학, 기술, 경제전문기구, 고등기후위원회(Haute Conseil pour le climat)를 설치하여 운영하고 있다.

(7) 베트남

베트남은 2030년까지 온실가스 배출량을 자체 능력으로 9%, 국제적 지원으로 27% 감축하는 것을 목표로 하고 있다. 해당 온실가스 감축 조치는 에너지, 농업, 임업, 폐기물관리, 산업 등의 분야에 적용되며, 각 분야의 배출량 감축목표는 「온실가스 감축 및 오존층 보호에 관하여 규정하는 의정」 부록 I에 규정되어 있다. 그 외에도 베트남 정부는 2050 탄소중립을 달성하기 위하여 기후변화에 대한 대응 활동 및 관련 법령의 제 · 개정을 적극적으로 추진하고 있다.

(8) 대만

대만은 2015년 「온실가스 감축 및 관리에 관한 법」을 제정한 뒤 '2025 에너지전환' 정책을 펼쳐왔다. 2022년에는 '탄소중립 로드맵'을 발표하면서 전체 에너지원 중 재생에너지 비중을 2025년에 20%가 되도록 하고, 2050년에 최대 70%까지 확대하겠다고 명시하였다. 2050년에 2005년 대비 온실가스 배출량을 50%까지 감축하고 탄소중립을 달성하는 '2050 넷 제로(Net Zero) 전환'을 국가온실가스감축목표(NDC)로 삼고 있다.

(9) 러시아

러시아 정부는 파리기후변화협정의 이행을 목적으로 2020년 11월 4일자 「온실가스배출감축에 관한 대통령령」을 통하여 산림 및 기타 생태계의 최대 흡수량과 러시아 사회경제적 발전 여건을 고려한 1990년 대비 온실가스 배출량을 2030년까지 최대 70%까지 줄이고, 2050년까지 온실가스 배출량을 낮춘 사회경제발전전략을 개발 · 승인할 것을 수립하였다. 2021년 7월 2일「온실가스배출 제한에 관한 법」을 제정하여 러시아 영토, 대륙붕, 카스피해의 배타적 경제수역에서 수행되는 온실가스 배출을 동반한 경제 및 기타 활동에 대한 법적 규제를 규정하고 있다.

(10) 스페인

스페인은 2021년에 2050년 탄소중립 달성을 목표로 하는「기후변화 및 에너지 전환에 관한 법률」을 제정했다. 이 법은 2030년 국가온실가스감축목표(NDC)를 1990년 대비 23% 감축하고, 전체 생산 전력의 70%를 재생에너지로 대체하며, 2023년 이후 매년 목표를 검토하고 상향하도록 한다는 내용을 포함한다. 더불어, 2040년 이후에는 내연기관 자동차 판매를 금지하고 항공기 운행용 바이오 연료 연간 공급 목표를 설정하도록 했다.

(11) 싱가포르

싱가포르는 온실가스 배출 감축을 위하여「2018 탄소가격제법(Carbon Pricing Act 2018)」에 따라 2019년 1월부터 배출 톤(tCO_2 e, 이산화탄소 환산톤)당 5싱가포르달러(한화 약 4,500원)의 탄소세를 부과하고 있다. 2020년 3월에는 유엔기후변화협약(UNFCCC)에 기존 국가온실가스감축목표(NDC) 및 장기저탄소발전전략(LEDS)을 새롭게 보완하여 제출하였다. 2030년까지 6천5백만tCO_2 e의 배출량 정점에 도달(2005년 대비 배출집약도 36% 감축)하고, 2050년까지 그 절반 수준인 3천3

백만tCO_2 e의 배출량을 달성하겠다는 목표를 발표하였다. 이러한 목표 달성을 위하여 2024년부터 2030년에 걸쳐 탄소세를 배출 톤당 25싱가포르달러(한화 약 22,600원)에서 50~80싱가포르달러(한화 약 45,300~72,400원) 수준까지 대폭 인상할 계획을 발표하였다.

(12) UAE

아랍에미리트 내 대기오염에 대하여는「환경보호 및 개발에 관한 연방법」과「오염으로부터 대기보호규칙에 관한 2006년 제12호 내각결정」에서 규정하고 있고, 자국의 온실가스 감축목표와 관련하여서는 UAE 통합 에너지 전략인 '2050 UAE 에너지 전략(UAE Energy Strategy 2050)'을 수립하였으며, 이 전략을 통하여 전력 생산 시 발생하는 탄소 배출량을 2050년까지 70% 감축하여 7천억 디르함(한화 약 234조 2,200억 원)의 비용절감을 목표로 하고 있다.

(13) 인도네시아

인도네시아 정부는 파리기후변화협정에 따라 2030년까지 자체 능력으로 29%, 국제적 지원을 활용하여 41% 감축할 것을 목표로 하고 있으며, 2060년까지 넷 제로(Net Zero)를 목표로 하고 있다. 이와 관련하여 탄소의 경제적 가치를 구현하고 온실가스 감축목표를 달성하기 위하여 국가 개발에 있어 NDC를 달성하기 위한 관리 지침으로「국가기여목표 달성을 위한 탄소의 경제적 가치 이행 및 국가 개발 차원의 온실가스 배출 통제에 관한 대통령령 2021년 제98호」(Perpres 98/2021)

를 제정하였다.

(14) 캐나다

캐나다는 2021년 12월에 자국의 온실가스 감축목표를 상향 조정하였다. 기존에 설정하였던 목표는 2030년까지 2005년 대비 30% 감축이었으나, 이를 40~45%로 변경하였다. 캐나다는 2016년에 청정 성장 및 기후변화에 대한 범(汎) 캐나다 기본계획(PCF)을 발표하고, 이후 2020년에는 그보다 강화된 기후 대응계획인 건강한 환경과 건강한 경제 계획을 발표하여 정부 정책으로 시행했으며, 2021년 6월 29일에는 「캐나다 순배출 제로 책임법」이 제정되어 2050년 탄소중립 달성 목표에 대한 명문 규정을 마련하였다.

(15) 태국

태국은 유엔기후변화협약(UNFCCC)에 1994년 12월 28일에 비부속서(Non-Annex) 국가로 참여했다. 온실가스 관련 문제를 효율적으로 관리하고 유엔기후변화협약의 합의에 따른 목표를 달성하기 위하여 2007년 6월 20일에 「2007년 온실가스관리기구(공공기관)에 관한 칙령」을 제정하고, 2019년 5월 19일에 일부 개정을 단행하였다. 현재 기후변화법 제정을 위한 절차를 진행하고 있다. 2030년까지의 국가온실가스감축목표(NDC)는 온실가스 배출 전망치(BAU: Business As Usual)[34]대비 20%(무조건)~25%(조건부)로 설정하고 있다.

3. 「탄소중립 · 녹색성장 기본법」 관련 문제점

(1) 구체적 정책 마련 필요성

「기후위기 대응을 위한 탄소중립 · 녹색성장 기본법」의 제정 의의와 그 이행을 위한 향후 과제를 검토한다.[35] 기존 「저탄소 녹색성장 기본법(녹색성장법)」은 기후변화 대응이 그 본질적인 목적이었음에도, 녹색성장이라는 개념의 모호성과 이에 따른 정책과 시책의 추상성 · 중복성, 명확하지 않은 원칙과 방향 제시, 원칙과 시책의 혼선 등에 따라 정책의 선명성이 주목받지 못했다. 기존 「녹색성장법」에서 분명하게 드러나지 않았던 2050년 탄소중립 목표와 국가온실가스감축목표가 법률에 명확하게 제시되고, 국가 비전과 온실가스 중단기 감축목표 및 기본계획의 연계가 강화되고, 탄소중립 사회로의 이행을 위한 기본원칙이 정비되었다. 기후변화 영향평가 제도, 온실가스감축인지 예산제도 등 구체적인 제도의 설계, 정의로운 전환을 위한 각종 시책 등이 마련되었다는 점에서 「탄소중립법」 제정 의의가 있다.

다만 이 법은 기존 녹색성장의 개념을 그대로 유지하고 있어 녹색기술과 녹색산업을 중심으로 한 성장에 방점을 두고 있는 기존의 방향성을 완전히 탈피하지 못하고 있다. 에너지기본계획, 지속가능발전 기본계획을 「녹색성장법」에 포함시켜 「에너지법」 또는 「지속가능발전법」과의 무리한 연계를 했던 기존 법체계를 개편하였다는 점은 긍정적으로 평가할 수 있다. 「탄소중립법」 또한 기본법의 형식을 취하고 있어서 「온실가스 배출권의 할당 및 거래에 관한 법률」 외에 탄소포집 · 이용 · 저장기술의 실증을 위한 규제특례, 기후위기 대응을 위한 금융 촉진에 관하여 별도의 법률을 제정할 필요가 있고, 재편된 체계와 기본법의 시책을 이행하기 위한 다른 법률과의 관계 및 조문의 구체화 등의 과제가 아직 남아 있다.

「탄소중립법」의 목적을 달성하기 위하여 시행령과 개별법을 통한 이행력 확보에 주력해야 하고, 탄소중립도시 지정이나 중소기업 사업전환 지원과 같이 실효성이 낮거나 다른 법을 통한 시책의 이행에 혼란을 줄 것으로 예상하는 시책들은 단순히 그 대상을 선정하는 것 이상의 요건과 절차의 보완이 필요하다.

「탄소중립법」을 통해 신설된 국가 비전과 전략, 중장기 온실가스 감축목표, 기본계획을 중심으로 종전의 온실가스 감축과 기후변화 적응 관련 시책의 이행체계를 강화해야 한다. 온실가스 감축보다 상대적으로 강조되지 못한 에너지전환과 관련해서 에너지 관련 법령의 개정을 통하여 재생에너지에 대한 투자와 기술확보, 전력시장에서의 운영 및 조정 등의 구체적인 대비책을 마련하면서 화석에너지에 대한 지역적 · 산업적 의존성을 점진적으로 탈피해야 한다. 또한, 산업구조의 변화로 인한 지역 및 개인적 피해도 최소화하기 위한 정의로운 전환 시책을 구체화할 필요가 있다.

(2) 실질적 탄소 감축 수단의 부재

「탄소중립법」이 취하고 있는 대표적인 탄소감축정책이 목표관리제와 배출권거래제이다. 공공기관과 관리업체의 온실가스 목표관리제는 자발적으로 목표를 설정하고 목표를 달성하도록 독려하는 제도에 불과하여 과감한 감축목표 설정이나 획기적인 조치를 기대하기 어렵다. 목표관리제와 관련한 제재 수단은 개선명령 불이행에 대한 과태료 1천만 원이 최고이다. 목표관리제는 2010년 「녹색성장기본법」에서 채택한 이래 2022년 「탄소중립법」에서 역시 그대로 유지되고 있다. 배출권거래제 역시 관대한 할당 계획으로 실효성을 거두지 못하고 있다.[36]

녹색교통정책의 목적으로 「대기환경보전법」에 도입된 자동차 온실가스 배출허용기준 제도 역시 「녹색성장기본법」에 따라 2012년부터 시행 중이나, 제 역할을 하지 못하고 있다. 환경부는 평균 배출허용기준을 2012년 1km 주행당 140g 이하에서 2020년 97g/km, 2030년 70g/km로 강화하였으나, 기준보다 초과 배출한 때도 과거 초과달성분을 이용하여 상쇄할 수 있도록 하는 등, 초과배출에 대한 엄격한 제재를 가하지 않아 온실가스 감축 성과로 이어지지 않고 있다.[37] 기후위기 극복과 온실가스 감축은 말로만 되는 것이 아니다. 충분한 경제력 · 기술력을 뒷받침할 수 있는 국가에서도 쉽지 않은 일이다. 우리가 어떤 기술이나 뚝딱하고 개발해 주는 마술사의 '요술 방망이'를 가지고 있는 것이 아니다.[38] 이에 따라 체계적이고 실효적인 방안을 지속해서 마련해야 한다.

(3) 탈원전과의 관계

「탄소중립법」은 '탈원전 · 탈석탄' 대못 박기라는 비판이 있다.[39] 탈원전을 전제로 하는 '탄소중립'과 원전 확대를 추구하는 '녹색성장'이 충돌한다. 어학적으로도 서로 간의 관계가 어색하다. 기후위기는 '적응'이 아니라 '극복'의 대상이다. 화려한 수사(修辭)에 불과한 온실가스 감축, 기후위기 적응, 정의로운 전환 역시 정체성이 불확실한 녹색성장과 이념적 · 현실적으로 양립하기 어렵다. 환경단체들은 '녹색성장'은 개발도상국에나 어울리는 용어라고 비판한다. 탈원전의 최근 정책은 산업통상자원부가 원전 발전 비중을 확대하겠다는 게 핵심적인 내용이다. 이를 위해 신한울 3 · 4호기 건설 재개와 수명이 끝나가는 원전 10기의 운전을 계속 허용하는 방안을 신속히 추진하기로 했다. 이미 한수원이 고리 2호기 가동연장을 추진하기 시작했는데, 5년 전 중단된 신한울 3 · 4호기 건설도 조만간 재개될 예정이다.[40] 오는 2030년 원전 발전 비중이 33.8%까지 높아진다는 게 산업통상자원부의 설명이다. 이처럼 원전의 확대와 탄소중립의 관계도 균형을 맞추기 어려운 문제이다.

(4) 에너지기본계획의 관계

정부는 2022년 '에너지 분야의 헌법'이라 불리는 '에너지기본계획(이하 에기본)'을 폐기하고 새로운 형태로 에너지 분야 종합계획을 대체하기로 하면서 정합성 문제가 불거질 가능성이 제기된다. 정부는

2022년 원전 발전 비중을 30% 이상 확대하고 재생에너지 비중을 하향하는 등의 내용을 담은 '새 정부 에너지정책 방향'을 발표했다. 이번 정책 방향이 나옴에 따라 사실상 3차 에기본은 폐기됐으며, 이를 4차 에기본 성격으로 받아들이면 된다는 것이 산업통상자원부의 설명이다. 에기본은 5년마다 수립하는 에너지 분야의 최상위 법정계획으로 에너지원·부문별로 에너지 계획 원칙과 방향, 중장기 에너지 정책 철학과 비전 등을 담는다. 통상 에기본에 따라 전력수급기본계획도 수립된다. 그동안 에기본은 「저탄소녹색성장기본법」에 근거를 두고 있었는데 2022년 3월 「탄소중립법」이 시행되면서 「저탄소녹색성장기본법」이 폐기돼 근거법을 상실했다. 이에 따라 새로운 법에 근거하여 기본계획도 마련하여야 한다.

Chapter 03

탄소배출권 거래 및 관련 법령

Chapter
03 탄소배출권 거래 및 관련 법령

1. 탄소배출권 거래

배출권 거래란 '오염물질의 배출총량목표를 각 배출원에 배분한 후 그 거래를 허용함으로써 최소비용으로 총량목표를 달성하자'고 하는 환경정책의 경제적 수단의 하나이다.[41]

2005년 EU 역내 배출권 거래제도(EU-ETS: European Union Greenhouse Gas Emission Trading System)가 시작되어 세계 탄소 시장은 계속 확대되고 있다.[42] 배출권 거래란 '오염물질의 배출총량목표를 각 배출원에 배분한 후 그 거래를 허용함으로써 최소비용으로 총량목표를 달성하자'고 하는 환경정책의 경제적 수단의 하나이다. EU를 중심으로 배출권 거래량은 신장하여 각국 · 지역이 제도설계에 나서고 있다.

2005년 시작된 EU 역내 배출권 거래 이후 세계 탄소 시장은 계속 확대되고 있다. 세계은행의 보고서 *State and Trends of the Carbon Markets*에 의하면, 2006년을 기준으로 세계 전체의 거래량은 3년간에 5배, 거래액도 4.5배를 넘었다. 이 기간에 서브프라임 모기지 문제와 리먼 쇼크로 인한 세계경제의 전체적인 위축이 있었고, 시장에서 활발했던 금융기관이 파산하였다. EU-ETS의 시장거래가격(탄소가격)은 어려운 재정사정으로 인해 EU 기업이 자금조달 목적으로 잉여배출량(EUA: European Union Allowance)을 자금화했기 때문에 2009년 2월에 최저가를 기록했다. 다만 EU-ETS가 배출량 감축이라는 주요 목적을 달성하는 데 성공했고, 배출감소를 위한 세계적인 거래 체제를 위한 실행 가능한 모델을 제시했다. 다만 거래에 관한 회계기준에 대해서는 국제적으로 통일된 처리의 기준이 존재하지 않는 상황이다.

영국은 2015년 파리협정을 준비하는 과정에서 전 세계에서 가장 먼저 탈석탄 정책을 공식화한 국가이다. 영국의 탈석탄 정책은 지속해서 석탄발전을 축소하기 위해 도입한 다양한 정치적 선택과 정책의 결과이다. 유엔기후변화협상이 시작된 이후 온실가스를 감축하기 위한 다양한 실험적인 감축 정책을 시도하였다. 특히 영국은 배출권거래제, 탄소세 성격의 탄소 가격하한제 등을 적극적으로 활용하여 실질적인 감축을 이끌었고, 대기오염 규제 등 환경비용을 내재화하는 작업을 지속한 결과 실제 석탄발전소의 경쟁력이 하락하였고 결과적으로 전력 분야 석탄 발전의 비중을 효과적으로 낮추는 데 성공하였다.

EU 그린딜의 주요 내용 중 하나가 탄소국경조정제도(EU CBAM: Carbon Border Adjustment Mechanism)이다. EU 역내에서 생산된 제품은 강력한 탄소배출규제로 인하여 가격이 상승할 수 있는데, 탄소규제가 약한 국가에서 생산되는 저렴한 제품은 가격경쟁력을 가질 수 있으므로 이러한 차이를 보정하기 위해 EU 역내로 수입되는 물품에 대하여 일종의 관세를 부과하겠다는 것이다.[43] CBAM을 통하여 유럽 내 기업들이 오히려 유럽 외 기업들보다 경쟁력이 약하게 되는 문제를 막으면서 EU 외 국가가 친환경적인 산업정책을 하도록 하고자 하는 것이다.

2. 탄소포집 관련

탄소포집저장(CCS: Carbon Capture and Storage) 기술이 심도 있게 논의되고 있다. 탄소포집저장은 생산시설 작동으로 에너지 연소 시 배출되는 탄소를 파이프라인 등을 통해 이동시켜 화학물질들을 사용하여 포집한다. 이를 선박이나 파이프라인 등을 통해 운송하여, 지하 또는 해저 지중에 저장하는 일련의 탄소배출 감축 공정이다. 에너지 연소를 통해 대기 중으로 배출되는 탄소를 미리 차단하여 대기 중으로 배출되는 탄소량을 감소시킨다.[44] 노르웨이는 탄소포집저장 상용화를 목표로 1996년에 Sleipner라는 탄소포집저장 프로젝트를 세계에서 처음으로 시행하였다.[45] 저비용 탄소포집기술은 미국, 캐나다, 노르웨이 등에서 CO_2와 EOR(Enhanced Oil Recovery)을 연계 개발하여 연간 수백만 톤을 포집하고 있다. 국내 포집 기술은 선진국 대비 70~90% 수준이다.[46] 고효율 탄소저장기술은 육상 지중저장을 대신해 해양 지중저장 기술개발이 활발히 추진되고 있다. 노르웨이와 호주가 세계 최대 규모의 해양 CCS 프로젝트를 진행 중이다. 국내에서는 저장기술 자립화 및 중규모 해상 저장실증 연구를 추진 중이며, 포항 영일만 해상에 100톤 규모의 시험주입 성공하였다.[47]

EU 집행위원회는 2009년에 탄소포집저장에 관한 지침을 제정하였다. 이 지침은 EU 역내 탄소포집저장 시설들에 대한 규제의 필요성과 규제의 범위, 그리고 그 밖의 규정 내용을 다루고 있다. 특히 포집된 탄소의 저장소에 관한 내용을 강조한다. 포집된 탄소의 저장소 선택, 탐사 및 저장소 운영 인가, 저장소 인가 지원 내용, 그리고 집행위원회의 저장소 인가까지의 행정적인 절차들을 명시한다. 또한, 저장소의 모니터링, 운영자의 보고 시 준수 사항들에 관하여도 적시한다. 이러한 내용은 포집된 탄소들이 운송되어 저장될 때 저장소의 선택 및 관리가 중요하며 잠재적인 탄소누출로 인한 환경오염의 위험성을 심도 있게 고려했다.[48]

한국은 탄소포집저장소 설치와 운영에 관해서는 이산화탄소를 폐기물로 보는 '폐기물관리법 시행규칙'이 적용되고 있다. 그러나 탄소포집저장소는 탄소누출을 방지하는 탄소저장 시설이라는 점을 고려하여 포집, 운송, 그리고 저장과 관련한 내용뿐만 아니라 저장소의 설치를 위한 부지 선정 절차 및 지원 등, 탄소포집저장소에 대한 종합적인 내용을 담은 법의 근거가 필요하다. 즉, 탄소 주입 이후 운영 및 관리, 그리고 장기적으로도 지속적이고 일관성 있게 법적 기반을 제공할 수 있는 법의 제정과 탄소포집저장소만을 위한 특화된 법이 제정되어야 한다.[49]

Chapter 04

세계 각국의 온실가스 감축 목표 및 관련 법령

Chapter 04

원자력 관련 법제

1. 원자력 관련 거버넌스

(1) 원자력 안전사고

스리마일섬 원자력발전소 사고(Three Mile Island Accident)는 1979년 3월 28일 미국 펜실베이니아주 미들타운에서 일어난 멜트다운 사고이다. 스리마일섬에는 총 2개의 원자로가 건설되어 있었고 원자로의 유형은 가압수형 원자로였다. 가압수형 원자로의 경우 압력을 가한 물을 원자로 냉각재 및 중성자 감속재로 사용하므로 이 물이 끊임없이 순환되도록 유지하여 끓지 않게 만드는 것이 중요하다. 스리마일섬 사고의 경우 가장 중요한 급수 시스템에서 문제가 생겼던 것이 원인이다. 하지만 원자로가 파괴되거나 붕괴되는 사태는 일어나지 않아 인명피해는 없었다. 당시 1호기는 고장이 없었는데 2호기에서 사고가 나는 바람에 나란히 가동중지 조치가 내려졌으며 2호기는

1980년대 말까지 정화작업을 했다. 발전소에서 사고가 발생했다는 사실이 알려진 직후 주 정부에서는 인근 지역에 대피령을 내렸고 주민들은 충격과 공포에 휩싸여 미친듯이 탈출하였다. 다행히 누출된 방사능 수준이 자연 방사선량에 못 미쳐 민간인들의 피폭 피해는 없었다. 하지만 그 이후 미국 내에서 원자력발전에 대한 불신감이 팽배하여 반원전 운동이 발생하였다.

체르노빌 원자력발전소 폭발 사고는 1986년 4월 26일에 소련 우크라이나 소비에트 사회주의 공화국 키예프주 프리피야티의 체르노빌 원자력발전소에서 발생한 원자력 사고이다. 인류 역사상 최대 규모의 원자력 사고이다. 당시 체르노빌 원자력발전소가 위치한 도시인 프리피야티에는 발전소 직원과 연구원, 그들의 가족 등을 포함 5만 명의 인구가 살고 있었다. 특히 100km 내에 우크라이나 소비에트 사회주의 공화국의 수도 키예프가 있었으므로 보통 심각한 상황이 아니었다. 하지만 소련 정부에서는 사고 사실을 공표하지 않았고 인근 주민들은 아무것도 모른 채 피폭당했다. 사고 발생 당일 그 방사성 물질이 북쪽 멀리 무려 1,200km나 떨어진 스웨덴까지 날아갔으나 이 소문이 전 유럽에 모조리 퍼지고 나서야 소련은 사고 사실을 공식 시인했다. 낙진은 전 유럽을 덮었고 편서풍을 타고 저 멀리 일본 및 홍콩 등 아시아에까지 낙진이 떨어졌다. 지구 반대편이나 남반구를 빼고는 모조리 낙진의 영향을 받았다.

후쿠시마 원자력발전소 사고는 2011년 3월 11일 일본 후쿠시마 제1원자력발전소에서 동일본 대지진으로 인한 쓰나미로 인해 발생한 원자력발전소 사고다. 사고 후 후쿠시마 제1원자력발전소 6기 중 4기의 폐기가 결정되었으며 전력 부족으로 제2차 세계대전 이후 처음으로 대도시마다 3시간씩 돌아가면서 수개월간 계획 정전을 실시했고 주변국(대한민국, 중국, 러시아)으로부터 석탄을 긴급히 지원받아 화력발전소를 가동했다.

(2) 원자력 안전 거버넌스

2020년 세계에서 총 443기의 원자로가 운영 중이며 55기가 건설 중이고 111기가 계획 중이다. 최근 원자력발전 확대는 개발도상국과 중국을 중심으로 진행되고 있다. 아르헨티나, 브라질, 인도, 멕시코 등 개발도상국에서 현재 총 144기가 운영 중이고, 총 건설 55기 가운데 31기가 개도국에서 건설 중이며, 계획 중인 111기 가운데 92기, 제안된 300여 기 가운데 247기가 개도국에서 제안한 것이다. 특히 동아시아 지역에서 중국은 에너지 문제 해결을 위해 원자력발전을 급속히 확충하면서 현재 47기의 원자로를 운영하고 있고, 11기를 건설 중이며, 43기를 건설 계획 중이고, 170기가 제안되어 있다.[50]

한국의 경우 2021년 1월 기준으로 지난 5년 동안 약 63건의 안전사고가 발생하였으며 이 가운데 30% 이상이 기계 부문에서, 25%가 외부적 요인으로 인한 것이었다. 일상적 운영과정에서 안전사고가 지속해서 발생하고 있으며 체르노빌 사고에서 드러나듯 때로는 일정한 수준을 넘는 대형사고로 이어지는 양질 전환과정을 통해 국가 간 안보 이슈로 발전할 가능성이 있다. 원자력발전이 지진이나 해일과 같은 대형 자연재해와 결합할 때 이슈 연계를 통해 거시적 안보 이슈로 발전하기도 하였다. 2011년 쓰나미와 연계된 일본 후쿠시마 원전 사고 당시 사고의 보고 및 처리 과정, 일본 농수산물 수출의 적정성 여부 등 일본 정부의 대응 방식을 놓고 주변국들과 외교적 갈등이 빚어지기도 하였다.[51]

현재 글로벌 원전 안전의 구심점은 국제원자력기구(IAEA: International Atomic Energy Agency)이다. IAEA는 여러 차례 협상을 거쳐 1957년 유엔 전문기구로 설립되었다. IAEA는 핵물질이 군사적 목적으로 사용되지 않도록 안전조치(Safeguards) 강구, 원자력발전 안전(Safety), 핵물질의 국경을 넘는 이동 통제(Security), 즉 3S를 목표로 활동해 왔고 이 가운데 핵 비확산과 관련된 안전조치가 가장 중요한 관심이었다. 현재 180여 개 핵확산방지조약(NPT: Non Proliferation Treaty) 체결국이 자국 원자로 운영에 대한 모든 정보를 IAEA에 제공하고, 요청 시 IAEA의 특별사면을 받아들여야 하며, IAEA는 회원국들의 핵시설에 대한 정기적인 감시와 사찰을 수행하고 안전조치 관련 회원국의 의무 불이행(Non-Compliance) 관련 사항은 안보리에 보고하고 필요하면 제재를 가하는 방식으로 진화됐다.

EU에는 원전 안전 기준의 실행을 지원하는 다양한 기구들이 존재한다. 유럽 원자력 안전 규제그룹(ENSREG: European Nuclear Safety Regulators Group)은 회원국으로부터 원자력의 안전규제 권한을 위임받은 독립된 전문기구로서 원전 안전 분야에서 가장 구체적인 조치들을 취하는 기구이다. EU 내 원자력 시설에 대한 안전과 핵연료 폐기물 및 방사능 폐기물 안전 등을 목표로 활동하고 있다. ENSREG는 정기적으로 EU 집행위원회에 활동 보고서를 제출하고, 이는 EU 의회와 이사회에 보고된다.[52] 현재 IAEA가 제시한 안전 기준이 회원국의 법령 또는 기술기준으로 활용되고 있지만, 문제는 법적인 구속력이 없고 사고에 대응하는 국제협력체제도 미흡하다는 점이다.[53] 1979년 미국 쓰리 마일 아일랜드 원전사고 이후 원자력 안전에 대한 문제의식이 증대되기 시작하였으나 이에 관한 논의가 본격화된 것은 체르노빌 원전사고 이후였다. 1986년 체르노빌 사건 이후 원자력발전 안전에 관한 국제 규범이 필요하다는 주장이 제기되면서 IAEA 산하에 '원자력 안전 협약(CNS: Convention on Nuclear Safety)'과 '사용 후 핵연료 및 방사성 폐기물 관리의 안전에 관한 공동 협약(Joint Convention on the Safety of Spent Fuel Management and on the Safety of Radioactive Waste Management)'이 마련되었고 이 협약들이 현재까지 국제 원자력발전 안전 거버넌스의 구심점 역할을 하고 있다. IAEA 이외에도 OECD 원자력 기구, 국제 원자력 규제자협의회와 같은 국제기구들은 권고나 협력체계 등을 통해 원자력발전의 안전 운영에 이바지하고 있다.

2. 원전의 위험과 안전

(1) 후쿠시마 사고 이후 아시아의 정책 경향

현재 동아시아 지역에서 원자력발전 안전 관련 다양한 기구들이 운영되고 있다. 원자력발전 안전과 관련해서는 아시아 원자력 안전 네트워크(ANSN: The Asian Nuclear Safety Network)가 활동하고 있다. ANSN은 IAEA가 2002년 초부터 아시아 지역의 원전 안전 증진을 위해 아시아 원자력규제기관들을 모아 원전 안전 분야의 지식과 경험을 나누는 장으로 운영했다. 후쿠시마 사고 발생 이후 일본 정부는 IAEA와 미국에만 사고를 통보하고 인접국에 대해 정보를 공유하거나 최소한의 조처하지 않았다. 이후 한국과 중국을 중심으로 동아시아 인접국들의 안전을 위협하는 원자력발전에 대한 역내 협력 강화의 필요성 제기되었다. 이에 따라 논의가 진전되면서 한 · 중 · 일 원자력 안전 고위 규제자 회의(TRM: Top Regulators' Meeting)가 발전 및 확대됐다. TRM은 한 · 중 · 일 3국 간 원전 안전 주요 현안에 대한 의견 및 정보 교환 협의체이다. 본 회의는 동아시아 지역의 원전 안전 능력을 향상하고 원자력 안전협력의 추진체제 구축이라는 취지로 시작되었으며, 한국의 원자력 안전기술원, 일본의 원자력 안전규제청 및 일본 원자력 안전기반기구, 중국 국가핵안전국 및 핵 안전 중심 등이 참여하고 있다. 후쿠시마 원전사고 이후 한국 · 중국 · 일본은 각각 자국의 원전 안전을 증대시키려는 조치로 원자력 안전 규제기관의 독립성 강화, 원자력 안전 규제기관의 위상 격상, 원자력 안전 관련 법제 정비 등을 진행하였다.

(2) 원전의 위험과 안전 보호

후쿠시마 원전사고 이후 국내에서는 원전에 대한 불안감이 증폭됐고, 그에 따른 안전은 사회적 관심과 쟁점이 되고 있다. 정부 부처에서는 원전에 대해 철저한 안전을 최우선으로 한 정책을 만들어갔지만, 일본의 원전사고 여파는 좀처럼 가시지 않았고, 불안감이 여전히 해소되지 않고 있다. 화력발전이나 태양광을 비롯한 풍력 등 신재생에너지발전과는 달리 원전사고는 그 규모와 여파가 크다. 원전에 대한 우려로 원전운영의 문제점도 있다. 원전반대그룹은 5차례에 걸쳐 국내 원자력발전소 내부 자료를 인터넷에 공개하며, 고리 원전 1 · 3호기와 월성 원전 2호기의 가동중지를 요구했다.[54] 한수원 측은 사이버 공격이 있더라도 원전 제어망은 외부와 완전히 분리 · 운영되므로 발전소 안전운전에는 아무런 영향이 없다고 한다. 또 인터넷에 공개된 자료는 기존에 공개된 기술자료 수준이라고 설명했다. 또 사이버테러에 대해 비상근무 체제에 돌입, 사이버 공격 경계태세를 강화하는 한편 정부 기관과 긴밀히 공조해 사회 혼란을 조성하는 원전 자료 유출을 막고 있다. 한수원의 원전 운전 제어시스템은 물리적으로 외부와는 물론 내부 업무망과도 완전히 분리 · 운영돼 사이버 공격에 의한 악성코드 침투가 사실상 불가능하다. 한수원 측은 발전소의 핵심 안전과 관련된 설비들은 아날로그 방식으로 악성코드가 영향을 미칠 수 없으며, 만일의 경우 수동 조작이 가능토록 설계돼 있어 발전소를 안전상태로 정지시킬 수 있다고 한다.[55] 한수원 네트워크는 원전 제어시스템, 업무망, 외부 인터넷망으로 구성돼 있다.

그중 업무망은 일반사무용 망과 각각의 발전소 안에서만 사용하는 망으로 나눠진다. 원전 제어시스템은 건설 시부터 업무망과는 완전히 분리돼 폐쇄적으로 운영된다.[56] 한수원은 제어시스템상 USB 접속 승인절차를 대폭 강화하고, 바이러스 취약 설비 및 구형 운영체제 설비에 대해 최신 운영체제를 탑재하며, 전산설비 오작동에 대비한 모의훈련 시나리오 개발 및 실습 훈련을 정기적으로 시행하는 등 사이버 공격에 대비한 원전 안전 운영 역량을 강화키로 했다.[57]

3. 「원자력안전법」의 내용

(1) 원자력발전의 허가

「원자력안전법」에서 원자력발전소의 허가는 건설허가와 운영허가로 구분된다(동법 제1항 제10조 및 제20조). 선택적 절차로써 부지에 관한 사전 승인제도가 사업자를 위해 존재한다. 운영허가를 받은 원자력발전 사업자는 각 원자로의 설계수명기간에 운전을 할 수 있다. 각 원자로의 설계수명기간은 원자로의 공학적 설계수명을 바탕으로 작성된 최종안전성분석보고서를 매개로 하여 결정되며, 설계수명기간은 주기적 안전성 평가를 통해 재평가된 공학적 설계수명을 바탕으로 작성된 최종안전성분석보고서를 매개로 하는 변경허가를 통해 10년을 상한으로 연장되며, 이는 반복될 수 있다.

「원자력안전법」의 건설허가와 운영허가는 발전소의 건설부터 해체가 완료되는 모든 과정을 규율한다. 「원자력안전법」은 두 허가를 구분한다. 규제기관은 이들을 시차를 두고 별도로 발급한다. 발전사업자는 운영허가를 받아야 발전용 원자로 운영자의 지위를 얻게 된다. 또 원자로 및 관계시설의 운영은 원자로의 운전과 구분된다. 발전소의 운영은 원자로의 영구정지 상태 역시 포함한다. 운영허가 중에는 허가가 정지된 경우를 제외하면 원칙적으로 운전할 수 있지만, 일정한 시기에는 운전이 허용되지 않는다. 운전 가능 기간은 발전소의 설계수명과 밀접한 관련이 있다. 「원자력안전법」상 운영허가는 기간의 정함이 없고, 다만 설계수명기간 운전이 가능하다. 이후 최초의 설계수명기간이 만료되는 시점부터는 주기적 안전성 평가 때문에 설계수명이 재평가되면서 운전 가능 기간을 결정하는 설계수명기간의 종기가 연장된다.

(2) 「원자력안전법」상 신고와 허가

「원자력안전법」은 변경에 허가가 필요한 사유와 변경에 신고로 충분한 사유를 구분한다(동법 제20조 제1항). 운영허가와 관련해 변경신고 대상은 「원자력안전법 시행규칙」 제18조 제1항이 열거하는데, 운영허가를 받은 사람의 성명 및 주소(법인인 경우에는 그 명칭 및 주소와 대표자의 성명)의 변경, 원자로 시설을 운영하는 사업소의 명칭 및 소재지의 변경, 안전관련설비의 변경을 수반하지 아니하는 설비나 시설의 변경, 품질보증체제의 조직이 아닌 일반조직 사항의 변경, 오기(誤記), 누락 또는 그 밖에 이에 따르는 사유로서 그 변경 사유가 분명한 사항

등으로서 원자력발전소의 안전과 무관한 사항이다. 장기운전을 위한 운영허가의 변경은 안전과 밀접한 관련이 있으므로, 이는 허가사항이다. 계속 운전도 변경허가의 대상임이 명백하다. 그러므로 원자로를 더는 운전하지 않기로 하는 영구정지를 원하거나, 최초 설계수명기간을 넘어 계속하여 원자로를 운전하길 원하는 발전용 원자로 운영자는 변경허가를 신청해야 한다.

(3) 기간의 정함이 없는 운영허가

「원자력안전법」 제20조에 따르면, 위원회가 운영허가를 발급하며 사업자는 운영허가가 정한 시기부터 원자력발전소를 운영할 수 있다. 운영허가가 개시되면 사업자는 '발전용 원자로 운영자'의 지위를 갖는다. 실무에서는 설계수명기간 대신 '운영허가 기간'이라는 표현을 쓰기도 한다.

(4) 최종안전성분석보고서에 따른 설계수명기간의 변경

계속 운전을 위한 변경허가를 얻게 되면 발전용 원자로 운영자는 신청 시의 설계수명기간을 넘어 원자로의 운전을 이어갈 수 있다. 운전과 운영은 용어 자체로는 구분되지만, 운전이 운영허가를 전제로 하므로, 이 둘은 밀접한 관계에 있다. 운전 가능 기간이 설계수명을 넘을 수는 없다. 이는 설계수명이 기기의 설계 시 기기가 고유기능을 유지할 수 있는 기간이기 때문이다. 그러므로 설계수명 역시 그 종기가 연장될 수 있어야 하므로 운영허가 신청 시의 설계수명을 의미하는

‘최초의 설계수명’이란 개념이 필요하고, 최초의 설계수명은 「원자력안전법」 제20조 제2항이 규정한 최종안전성분석보고서에 의해 규제절차상의 ‘최초의 설계수명기간’과 연결된다.

(5) 장기운전을 위한 계속 운전의 신청

설계수명기간을 연장하려면 운영허가의 변경이 이뤄져야 하고, 「원자력안전법 시행령」 제34조에 따르면 발전용 원자로 운영자가 허가받은 사항에 대한 변경허가를 받으려면 총리령으로 정하는 바에 따라 그 변경허가신청서를 작성하여 위원회에 제출해야 한다. 「원자력안전법」은 원자로 시설의 장기운전을 위해 발전용 원자로 사업자에게 변경허가를 신청하도록 하면서도 그 시기에 관한 제한을 두고 있지 않다. 하지만 계속 운전을 위한 변경허가는 주기적 안전성 평가를 수반하고, 시행령은 이 주기적 안전성 평가에 관해 별도의 기간을 예정하고 있다.

4. 원전해체 산업의 법적 문제

(1) 원전해체 산업의 연구 필요

해체는 제도적 측면에서 효율성이 담보되어야 한다. 원전해체에는 상당한 시간과 비용이 소요되므로 충분한 자금이 확보되어야 한다. 자금의 확보방안으로 충당금 조성과 기금적립 중 어떤 방식이 합리적인지, 어떤 법적 규제가 타당한지, 해체전담기구의 설치가 필요한 것인가에 대해서 검토가 필요하다. 원전해체산업은 국내외에 걸쳐 활성화 조치가 필요하고, 동시에 국내외의 규제적 측면도 고려하여야 한다. 활성화 조치와 관련해서는 해체사업을 보호 사업화하여 직간접적으로 지원하고, 특히 해외지원과 관련하여 시장형성의 시기, 시장규모를 파악하여 어떤 법적 형식으로 진출하고, 지원의 종류에는 어떤 것이 있고, 각 지원의 종류마다 어떤 방식으로 지원할 것인가에 관한 연구가 필요하다.

(2) 해체산업의 한계

우리나라 최초로 해체되는 고리1호기의 경우 해체가 진행되는 기간 중 세수 총액은 대략 352억 원이며, 이것을 연간으로 계산하면 23억 원으로 나타나 세수로 인한 지방재정의 기여도를 가늠할 수 있다. 지원 효과 면에서 운전 기간 40년 동안 총 3,320억 원의 지원을 받지만 해체 기간에는 대략 352억 원의 세수 지원이 있을 뿐이다. 원전해체로 인한 고용, 임금 등의 분야에서 경제적 파급효과도 발생하지만, 해체 후 5년까지 지원이 증가한 후 7년 이후에는 급격히 감소하다 소멸한다. 결국, 해체산업의 지원 효과는 발전산업의 10.6%에 불과하다. 일본의 경우 원전 사업자들은 후쿠시마 사태의 후유증으로 안전대책이 강화되고, 지자체의 원전 재가동 반대에 직면하여 원전수입이 급감하거나 0이 되어(츠루가 원전 2호기) 다른 전력회사로부터 '원전관리비' 형식으로 지원을 받는 정도로 사정이 악화하여 있다. 이들은 회사를 신설하여 해체사업으로 새로운 수익 창출을 기대하고 있다.

(3) 해체시장 규모의 한계

원전해체시장은 초기 단계에 지나지 않아 정확한 규모를 가늠하기 어렵다. 미국 컨설팅업체 베이츠화이트 분석에 따르면 세계 원전해체시장의 규모는 2116년까지 549조 원, 2050년까지 327조 원 규모로 추정된다고 한다. 국내 원전은 2030년까지 12기가 수명이 만료되며, 원전 1기당 해체비용은 7,500억~8,000억 원이므로 국내에서는 연 1조 원 규모의 원전해체시장이 조성된다고 볼 것이다.

(4) 해체전담기구의 설치문제

해체절차와 관련하여 우리나라는 해체절차의 처리 주체에 관한 규정이 없다. 이와 관련하여 해체절차를 주도할 전담기구의 설치 여부에 대해 의견의 대립이 있을 수 있다. 긍정설은 일부 국가에서 보는 바와 같이 해체청, 해체기술원 등과 같은 전담기구를 두면 해체비용의 평가, 부족한 해체비용의 확보, 해체산업 비중확대의 대비, 원전파산 시의 사무처리, 해체기술의 확보 · 수출 등을 위한 국제교류 증진 등의 업무수행에 유용할 것이라는 입장이다. 또한, 해체과정은 여러 가지 변수가 많아 해체 방법이나 기간을 법령으로 규정하기가 쉽지 않고, 원전사업자가 독과점사업자면 비용 최소화를 위해 원전해체에 소극적일 수 있으므로 해체 활성화의 수단으로 전담기구설치가 필요하다.

5. 원전 폐기물 관련 정책

(1) 방사성 물질의 현황

고준위방사성폐기물은 방사능이 충분히 낮아질 때까지 오랜 세월이 소요되므로 인간의 생활환경으로부터 격리하여 관리할 필요가 있다. 격리방법에는 우주 공간으로 처분하거나 해저에 처분하는 등의 방법이 있으나 사고의 우려, 추가위험의 발생 등의 문제가 있으므로 원전을 보유한 세계 각국은 땅속 깊은 곳에 묻는 지층처분방식을 일반적으로 채택하고 있다.[58] 핀란드의 고준위방사성폐기물 정책은 재처리보다 심층처분방식을 취하고 있다. 지표와 가까운 곳에서는 안정성이 떨어지므로 심층의 정적 환경에 장기간 격리하는 것이 필요하기 때문이다. 핀란드는 광범위한 연구를 거쳐 수만 년 동안 고농축 폐기물을 격리하여 수용할 목적으로 영구처분시설의 설치에 적합한 암석층을 처분지로 선정하였다. 이 시설은 수백 미터 깊이의 안정적 지질층에 건설된다.[59] 핀란드가 세계 최초로 고준위방사성폐기물 처분시설을 설치할 수 있었던 것은 반원전 세력이 크지 않았다는 점이 결정적 요인이고, 그 밖에 재처리가 가능한 결과 국내에서 처리할 폐기물량이 많지 않았다. 직접처분이 재처리보다 저렴하고, 재처리에 대해 미국의 핵 비확산 요구가 있었던 점이 등이 복합적으로 작용한 것으로 풀이된다.[60] 일본은 2005년 11월 도쿄전력㈜과 일본원자력발전㈜이 아오모리현 무츠시에 설립한 재처리연료저장㈜(RFS: Recyclable-Fuel Storage Company)에 2010년 8월부터 2013년 8월까지 건식 중간저장 시설을 설치하였다. 2013년 12월 원자력규제위원회의 '핵연료시설 등의 규제기준'의 준수를 위해 2014년 1월 RFS는 새로운 규제기준의 적합성 확인 신청을 하고, 2020년 11월 11일에 인가되었다. 일본은 모든 사용 후 핵연료의 재처리를 원칙으로 하므로 재처리 공장으로 운반될 때까지 케스크에 넣어 콘크리트 건물에 건식 저장한다. 3천 톤분의 저장건물에 최대 288기의 케스크를 50년간 저장할 수 있다.[61] 우리나라는 2016년 7월 정부의 1차 기본계획(고준위방사성폐기물 관리 기본계획)에 따라 11월 「고준위방사성폐기물 관리시설용지선정절차 및 유치지역지원에 관한 법률(안)」이 국회에 제출되었다. 2021년 12월 2차 (고준위방사성폐기물 관리) 기본계획 및 이와 동시에 추진된 2021년 9월 「고준위방사성폐기물 관리에 관한 특별법(안)」보다 국회에 발의된 경우와 같이 기본계획에 기초하여 입법이 추진되어 왔다.[62]

(2) 특별법의 설치 필요성

특별법은 절차를 진행함으로써 최종처분시설을 설치하는 것이 궁극의 목표이다. 이때 원전 부지 내 보관시설 설치와 관련해서는 주민 수용성의 해결이 관건이다. 스웨덴의 핵연료 · 폐기물 관리회사의 역할에서 보면 주민투표에 임하는 주민을 대상으로 보관시설의 중요성과 불가피성에 관한 정보를 충분히 전달하는 것이 중요하다. 월성 추가보관시설 설치 시 지역주민 시민참관단에게 방사선량을 직접 확인할 수 있도록 한 사례가 대표적이다. 보관시설이나 처분시설에 대한 지식이 없으면 주민들이 감정적으로 대하기 쉽기 때문이다.[63] 영국과 프랑스의 사례를 참조하여 주민을 대상으로 보조금을 지급함으로써 인센티브 효과를 높이는 방안도 고려해 볼 수 있다. 2014년 경주의 중 · 저준위처분장 설치에 성공할 수 있었던 것도 2005년의 「처분장 유치지역지원에 관한 특별법」의 제정을 통해 대규모 금전 지원을 한 이후라는 점을 두고 볼 때 지역에 대한 인센티브 제공이 처분장 유치에 상당한 영향을 미칠 수 있다. 이때 단순한 인센티브의 제공보다는 주민의 생활 수준을 개선하는 노력과 함께 주민을 대상으로 직접 경제적 지원을 하면 인센티브 효과를 더욱 높일 수 있을 것이다.[64] 미국은 카터 행정부 이후 국제적으로 플루토늄의 생성이 가능한 사용후핵연료의 재처리와 플루토늄 농축을 강력하게 제한하는 핵 비확산 정책을 시행하고 있다. 그러나 영국, 프랑스, 일본 등은 재처리를 할 수 있지만 우리나라는 한미원자력 협정에서 미국의 동의를 얻도록 하고 있어 재처리와 재활용 문제를 입법에서 거론하는 것이 쉽지 않다. 그러나 습식방식의 재처리가 아닌 건식의 파이로 화학적 처리방법에 대해 23년간의 연구실적을 보유하고 있으므로 특별법에서 한미 공동연구를 조건으로 재활용의 규정화를 시도하는 것이다.[65] 중간저장시설은 일본 롯카쇼무라, 스웨덴의 포스마크, 프랑스의 라망쉬의 경우와 같이 주변환경과 조화를 이루도록 한다. 입법에서 최종처분시설의 주변환경과 조화를 언급하고 있는 예는 없는데 상징성 및 지역과의 지속적인 수용성 차원에서라도 관련 규정을 두는 방안도 생각해 볼 수 있다. [66]

Chapter 05

재생에너지 관련 법제

Chapter 05

재생에너지 관련 법제

1. 재생에너지 종류

신재생에너지에 관해서는 「신에너지 및 재생에너지 개발 · 이용 · 보급 촉진법」에서 설명하고 있다. 신에너지란 기존의 화석연료를 변환시켜 이용하거나 수소 · 산소 등의 화학 반응을 통하여 전기 또는 열을 이용하는 에너지이고, 재생에너지란 햇빛 · 물 · 지열(地熱) · 강수(降水) · 생물유기체 등을 포함하는 재생 가능한 에너지를 변환시켜 이용하는 에너지로 구분한다. 재생에너지 정책의 핵심은 원자력 및 석탄 화력 축소, 신재생에너지 확대, 에너지 거버넌스 구축 등 친환경 에너지로의 전환을 통한 저탄소 경제의 실현이다. 저탄소사회를 구현하기 위하여 태양광 및 풍력, 수력 등 다양한 신재생에너지원이 주목받고 있는데, 화석연료의 사용에 따른 자원고갈, 환경오염, 지구온난화 등의 부작용을 최소화하고, 자연친화적이며 공급 또한 지속적인 대안으로서 에너지 안보 측면에서도 기대가치가 높은 수소를 대체에너지원으로 활용하는 방안에 관심을 기울이고 있다.

RE 100(Renewable Electricity 100%) 캠페인은 기업이 필요한 전력량의 100%를 '태양광 · 풍력' 등 친환경 재생에너지원을 통해 발전된 전력으로 사용하겠다는 기업들의 자발적인 글로벌 재생에너지 이니셔티브이다. RE 100 캠페인은 국제 비영리 환경단체인 The Climate Group과 CDP가 연합하여 2014년 뉴욕 기후주간에서 처음 발족되었다. 2014년 파리협정의 성공을 이끌어 내기 위한 지지 캠페인으로 시작되었다. RE 100 참여 기업은 2050년까지 100% 달성을 목표로 하며, 연도별 목표는 기업이 자율적으로 수립하되, 2030년 60%, 2040년 90% 이상의 실적 달성을 권고하고 있다. Google, Apple, MS, BMW, GM 등 전 세계 글로벌 기업을 중심으로 자사에서 사용하고 있는 전력에 대해서 점차 재생에너지 사용 비중을 확대하는 추세이다. 현재 전 세계적으로 278개 기업이 RE 100에 가입했으며, 이 중 30개 기업은 이미 사용 전력의 100%를 재생에너지로 조달하고 있다.

(1) 태양광

태양광은 실리콘 태양전지, 차세대 태양전지, 도시형 태양광 등의 분야에서 연구개발이 진행 중이다. 실리콘 태양전지는 태양전지 시장의 95%를 차지하고 있으며, 효율 향상을 위해 실리콘 기반 탠덤 태양전지와 같은 하이브리드 기술개발을 추진 중이다. 차세대 태양전지는 단일구조인 결정질 실리콘 전지의 양산 한계효율(26%) 극복을 위해 차

세대 기술 분야(초고효율, 응용 분야 확대)로 전환 중이다. 도시형 태양광은 태양광 보급 확대를 위해 설치 형태나 무게 등의 제약 극복과 다양한 응용 분야 적용을 위해 경량형/투광형/고내구성 친환경 소재 개발 추진- 양면수광형 CIGS 박막 태양전지 기술(유연성과 투과성 확보) 등을 개발하고 있다.[67]

태양에너지의 이론적 잠재량은 13만 7347 TWh/년, 설비용량 10만 2455GW로 산정되었으며, 태양광, 태양열 모두 동등한 이론적 잠재량을 보유하고 있다. 태양에너지의 기술적 잠재량은 설비가 설치될 수 없는 지역 등 지리적 영향요인에 해당하는 면적을 제외하고 산정되었고, 태양광의 경우 기술적 잠재량의 설비용량과 발전량이 973GW, 1314TWh/년 규모로 도출되었다. 태양광 발전 설비는 토지형(지상형)과 건물 지붕형으로 구분하고, 입지별 설치가 가능한 면적을 각각 다르게 적용하여 연산하였다. 태양광 시장 잠재량 산정 결과는 규제요인을 반영하여 369GW, 495TWh/년으로 산정되었는데, 태양광 시장 잠재량은 국내 총발전량(2018년, 57만 647GWh)의 86.7%를 담당할 수 있는 수준이다. 광역지자체별로는 경상북도, 충청남도가 태양광 시장 잠재량이 가장 풍부한 것으로 나타났다.

(2) 풍력과 해상풍력

그린뉴딜과 해상풍력 발전방안으로 해상풍력이 주목받고 있다. 좁은 육지와 부족한 자원 극복을 위해 우리나라는 삼면이 바다인 점을 적극적으로 이용해야 한다. 그러기 위해서 해상풍력과 해양에너지(파력, 조력 등)를 포함하는 해양재생에너지에 전략적인 투자를 고려할 필요가 있다. 풍력발전사업을 포기했던 조선사들이 우리나라에서 부유식 해상풍력의 상용화가 가시화됨에 따라 시장에 다시 뛰어들고 있다. 풍력산업이 그러했듯 부유식 해상풍력은 상용화를 위해 수십 년간 축적의 시간이 필요했다. 풍력발전과 해양플랜트에서 우리나라는 글로벌 에너지사(디벨로퍼)가 없어 시장과 원천기술을 확보하지 못하고 실패했던 과거 사례를 되돌아볼 필요가 있다. 해양에너지에서는 디벨로퍼를 육성하고, 상용화 단지를 지속해서 구축하여 원천기술과 초기 시장을 확보해야 한다. 기술 측면에서는 풍력발전기의 기술격차가 크므로 만회를 위한 노력이 필요하다. 반면 선제적이고 장기적인 투자로 시장을 선도해야 한다. 우리나라는 부족한 공간으로 인해 육지 개발이 쉽지 않다. 산림 훼손, 그에 따른 산사태, 주민 수용성 확보의 어려움 등으로 재생에너지의 확산을 위한 대규모 개발이 어렵기 때문이다. 따라서 삼면이 바다인 우리나라는 해양을 적극적으로 이용해야 한다. 물론 해양도 연근해 해상풍력은 어업이나 군사지역 등으로 인해 개발이 쉽지 않다. 2020년 7월에 정부는 '해상풍력 발전방안'을 발표하여, 입지발굴 · 인허가 지원시스템, 주민 수용성, 산업경쟁력 등의 강화를 위한 방안을 제시했다. 우리나라는 부유식 해상풍력에 관한 관심을 더욱 가질 필요가 있다. 부유식 해상풍력은 상대적으로 멀리 있는 바다에 설치하므로 대형 발전기를 도입할 수 있고, 대규모 발전단지 조성이 가능하며, 주민 수용성이 높은 장점이 있기 때문이다. 한편 부유식 풍력 외에도 상용화를 위해서는 기술개발이 더 필요하지만, 해양공간과 자원을 충분히 활용할 수 있는 조류 · 파력과 같은 해양에너지에 관한 관심도 필요하다. 비록 2019년에 세계 신재생에너지의 0.02%에 불과하지만, 우리나라에 해양에너지 부존자원이 풍부한 측면도 있고, EU와 미국이 해양에너지를 미래 주요 에너지원으로 투자하고 있어, 향후 새로운 산업으로 커질 수 있다.

2008년 글로벌 금융위기 이후, 우리나라 주요 조선사는 조선산업과의 유사성에 착안하여 사업 다각화의 한 방편으로 풍력발전 산업에 진출했다. 하지만 국내 풍력발전단지 개발 규모가 크지 않고, 원천기술도 부족하여 세계시장에서 주요 플레이어가 되기 어려웠다. 풍력에서 대형 조선 3사가 각각 대규모의 기술개발과 투자를 진행했지만, 손실만 보고 철수했다. 한편 일부 다른 기업들은 해양에너지 연구개발을 추진했다. 현대건설이 2011년에 진도 울돌목 조류발전 실증설비를 설치하고 시험운전을 하였으나, 조류발전은 시장성이 부족하여 추가 프로젝트로 이어지지 못했다. 부유식 해상풍력발전기는 약 100년의 기술 발전을 통해 시장을 주도하는 지배적 디자인이 완성됐다. 이후 본격적인 상용화를 통해 지속적인 기술 발전이 진행되고 있다. 부유식 해상풍력발전은 풍력발전기가 상부에 설치되고, 하부구조물은 기술이 성숙 단계에 있는 해양플랜트와 유사하다. 그래서 예상보다 빠르게 기술이 발전했음에도 불구하고 MW급 부유식 해상풍력발전기가 나온 이후 10년이 지난 지금도 다양한 발전기가 경쟁하고 있다. 남한 육·해상의 이론적 풍력 자원 잠재량은 총 2266TWh/년(설비용량 961GW)이다. 기술적 잠재량은 이론적 잠재량의 86%(육상 81%, 해상 91%)에 해당하는 총 1957TWh/년(설비용량 739GW)으로 산정되었으며, 이는 국내 총발전량의 3.3배에 해당한다. 시장 잠재량은 현시점의 전력가격 및 정책 환경에서 대규모(Utility-Scale) 풍력의 상업 운전을 했을 때 최소한의 경제성이 확보되는 조건을 갖춘 경우로, 171TWh/년(설비용량 65GW)으로 산정되었다. 풍력은 핵심부품의 효율 향상, 풍력발전기 대형화, 풍력단지 운전효율 향상을 위한 기술개발 진행 중이다. 풍력발전기 대형화에 따라 블레이드, 중속기, 발전기와 베어링 등 핵심부품에 대한 대형화 기술개발이 필요하다. 글로벌 풍력발전 사업자들은 디지털, 네트워크, AI 등의 기술을 접목한 단지 운영기술 개발 프로젝트를 추진 중이다. 반면, 국내 기업들은 단지의 건설과 기계적 운영 시스템 구축에 집중하고 있어 기술개발을 통한 고도화 추진이 시급하다.[68]

(3) 수력에너지

수력에너지 이론적 잠재량의 설비용량과 발전량은 각각 28GW, 246TWh/년, 기술적 잠재량의 설비용량과 발전량은 각각 12GW, 41TWh/년 규모로 산정되었다. 시장 잠재량의 설비용량과 발전량은 각각 8.9TWh/년(설비용량 2.5GW)으로 산정되었으며, 시장 잠재량에 대한 광역지자체별 분석결과는 경상남도, 경기도, 강원도에서 우수한 것으로 나타났다. 한편, 소수력발전은 시설용량 1만kW 이하의 수력발전을 말하는데, 2016년 소수력의 설비용량과 발전량은 각각 20만 3,431kW, 68만 7,127MWh를 기록해 총 설비용량(10만 9,789MW)의 0.2%, 총발전량(56만 985GWh)의 0.12%를 차지했다. 수력에서 소수력이 차지하는 비중은 설비용량(6,485MW)의 3.14%, 발전량(6,634MWh)의 10.4%로, 설비용량 대비 발전량 비중은 높은 편이라고 평가할 수 있다.

(4) 지열에너지

지표면으로부터 약 300m 깊이 내에 저장된 지열에너지인 천부지열은 냉·난방용으로 활용된다. 이론적 잠재량은 히트펌프를 이용하여 지하 300m 지층 내에서 획득할 수 있는 냉·난방용 채열량(H)의 연간 총 열에너지로 정의하였다. 천부지열에너지의 잠재량은 지하 150m 깊이의 수직밀폐형 지중 열교환기를 대상으로 36㎡ 기준 면적에서 생산되는 채열량으로 산출한다. 입지 제약이 있는 대상지를 제외하고 기술적 제약요인(국내 냉·난방 적용 가능 시간)을 반영하면 기술적 잠재량의 설비용량 및 연간 발전환산량은 1,256GW, 932TWh/년이다. 시장 잠재량은 2008년부터 시행된 보급 활성화 정책에 따라 공공기관의 의무화 설치를 고려하여 별도의 경제적 지원 없이 모든 건물에서의 잠재량이 산정되었다. 시장 잠재량에 대한 설비용량 및 연간 발전환산량은 334GW, 29TWh/년이다.

(5) 해양재생에너지

해양재생에너지는 해풍·해수·해류·온도 차 등을 이용해서 에너지를 생산하는 것을 말한다. 해양재생에너지는 이산화탄소 발생이 없고, 풍부한 천연 에너지 자원을 이용한다는 점에서 지속 가능한 발전을 촉진하고 기후변화 문제를 해결할 수 있는 청정에너지 자원으로서 관심을 받고 있다. 해양재생에너지 중 가장 빠르게 발전하고 있는 것은 해상풍력이다. 해상풍력을 통하여 전 세계에서 생산할 수 있는 에너지양은 2018년에 23GW이었으나, 2030년에는 228GW, 2050년에는 1,000GW까지 예상되어 빠른 성장이 기대되고 있다.

우리나라 '2025년 해양에너지 강국 도약'을 위한 「해양에너지 중장기 계획」을 발표하며, 해양에너지 공급 확대를 추진하고 있다. 그러나, 해양재생에너지는 이산화탄소를 배출하지 않는 청정에너지로 알려졌지만, 해양재생에너지 개발은 해양 생태계에 부정적인 영향을 미칠 수 있다. 예를 들어, 해양재생에너지 건설 시, 해저에 시설물 설치 공사에서 발생하는 수중 소음 및 항타기와 해저 지면의 충돌로 인한 충격 소음은 해양포유류의 청력 상실과 같은 신체적 손상, 의사소통 방해 및 행동 양상의 변화를 초래할 수 있다. 시설물 기초 작업으로 발생하는 퇴적물과 케이블 매립 작업은 해저 지형의 변화를 가져올 수 있으며, 이는 생태계 서식지 변화, 이주 방해 등을 일으킬 수 있다. 또한, 해양재생에너지 사업의 운영 중에 해저 케이블에서 발생하는 전자기장은 자기장을 이용해서 이동하는 해양생물 및 해양포유류의 교란 원인이 될 수 있다. 때로는 해양생물이 시설물과 충돌하거나, 케이블에 얽히는 사고가 발생하기도 한다. 수중 소음은 국경과 상관없이 장거리까지 이동하여 영향을 미칠 수 있다는 점, 해양생물 및 해양포유류 등에 대한 부정적인 영향은 해양 생태계 전체에 영향을 미칠 수도 있다는 점 등을 고려할 때 해양재생에너지 사업의 계획 단계에서 환경영향평가가 필요하다.

1982년 유엔해양법협약(United Nations Convention on the Law of the Sea, 이하 '유엔해양법협약') 제206조는 활동에 대한 잠재적 환경영향평가 의무를 규정하고 있다. 그러나 제206조는 환경영향평가 의무의 절차나 내용을 구체적으로 제공하고 있지 않기 때문에, 해양재생에너지 활동과 관련하여 어떻게 환경영향평가를 이행해야 하는지 명확하지 않다.

해양에너지는 조력, 조류, 파력, 온도 차 등을 활용한 신재생에너지다. 우리나라에서 조력을 활용한 에너지 기술은 상용화 단계에 올라와 있어 세계적 수준으로 평가되고 있으며, 조류, 파력, 온도 차 활용은 아직 실증이나 시스템 검증 단계에 있다. 세계적으로는 조류가 준 상용화 단계, 파력과 온도 차는 실증 단계에 있다. 조력발전은 시화호에 세계 최대 규모로 구축되어 운용되고 있으나, 다른 지역에 대한 추가 설치는 환경문제나 지역사회 갈등으로 인해 쉽지 않은 상황이다. 부유식 해상풍력과 비교할 때 조력과 조류 외에 다른 해양에너지는 상용화까지 상당한 시간이 필요한 것으로 판단된다. 조력에너지 이론적 잠재량의 설비용량 및 발전량은 각각 13GW, 111TWh/년이며, 기술적 잠재량의 설비용량 및 발전량은 각각 11GW, 46TWh/년이다. 우리나라에서 조차가 가장 큰 인천 · 경기의 잠재량이 가장 많았고, 섬이 많아 조차 면적이 가장 넓은 전라남도가 두 번째로 많았다. 나머지 지역은 충청남도, 전라북도, 경상남도 순이었다.

현재 주요 해양에너지는 주로 유럽과 미국을 중심으로 연구되고 있다. 실증시험이 다수 시행됐다. 해양에너지에 대한 주요 시험장은 영국이 2004년에 7MW, 2010년에 20MW급으로 구축했고, 2015년에 미국이 1MW급, 스페인이 20MW급, 2017년에 프랑스가 8MW급으로 준공하여 운영 중이다.

(6) 수소에너지

전 세계는 기후변화에 전략적으로 대응하기 위한 보급 확대의 목적으로 수소에너지를 주요 발전 분야로 선정하여 개발하고 있다. 수소에너지는 생산 · 유통 · 저장 · 활용 전 주기에 걸쳐 기술개발과 상용화 노력이 함께 요구되는 분야이다. 우리나라 역시 수소경제 선도국으로의 입지를 확보하고 수소에너지를 활용하기 위한 본격적인 노력을 기울이고 있다. 아직 안전성 및 규제에 대한 논란과 경제성 이슈 등이 있으나, 미래에너지원으로서의 수소에너지는 그 중요성이 명확한 상황이다.

수소 생산 · 유통 · 저장 · 활용 등의 분야에 대한 기술개발 진행 중이다. 수소 생산은 미국, 유럽, 일본 등을 중심으로 블루수소와 그린 수소로 구분하여 기술개발이 추진 중이다. 일본과 독일 등도 수소전소 열병합 가스터빈 실증 및 연소기술 개발 중이다.[69] 수소에너지 생산과 기술력 확보, 수요산업 활성화 등을 통한 수소경제 구현을 위한 관련 산업 생태계의 구축은 장기적 측면에서 국가적 차원의 에너지 공급 안정화에 이바지할 뿐만 아니라 신산업 육성과 추가적인 성장 동력 확보의 계기를 마련할 수 있어 육성이 필요하다. 이러한 수소관련 산업 생태계 확충은 전·후방 연계 산업 활성화 및 경쟁력 강화의 필요성이 증대되고 있는 주력 제조업 부문에 활력을 불어넣는 매개체로써 임무를 수행할 수 있다.

우리나라 정부는 2019년 1월 발표된 '수소경제 활성화 로드맵'을 시작으로 '제1차 수소경제 이행 기본계획'(2021. 11.) 등 3년에 걸쳐 10개 이상의 기본계획 및 하위 정책들을 발표·시행하고 있다. 특히 세계 최초의 수소법 발의 등 수소산업 육성 및 활성화를 위해 적극적인 지원과 정책 마련 노력을 지속하고 있다. 이처럼 정부와 공공부문의 공적 투자가 적절한 분야와 규모로 계속되고 민간투자가 촉진될 때 본격적인 수소 시장이 구축될 수 있다. 현대, SK, 두산, 효성 등 대기업들도 본격적인 수소산업 참여 의사를 밝히며 대규모의 투자를 예정하고 있다. 대기업의 수소 분야 투자는 2030년까지 약 43조 원 규모에 이를 것으로 보인다. 대기업의 참여는 투자 규모의 확대뿐 아니라, 다양한 후방업체들을 포함하는 활동 영역이 새롭게 구축되어

산업 규모 확대의 기회를 제공할 것으로 예측된다. 우리나라 수소 정책은 초기에 수소차를 중심으로 하는 활용 분야에 초점을 맞추던 것에서 수소 밸류체인 전반으로 관심 영역을 점차 넓혀 왔다.

수소경제 이행을 위한 노력의 시작을 알린 '수소경제 활성화 로드맵'은 본격적인 수소경제로의 이행을 추진하기에 앞서 비전을 제시하는 의미가 있다.[70] 2021년 11월 발표된 '제1차 수소경제 이행 기본계획' 등 수소산업과 관련된 최근 정책들의 특징을 살펴보면, 활용 분야에만 집중하기보다는 생산 및 유통, 나아가 수소산업 생태계 전반에 걸쳐 정책의 초점이 확대되고 있다. 산업 발전을 위해서는 생태계 전반의 동반 발달이 중요함을 인식하고 다방면에 걸친 노력이 본격적으로 시작된 결과로 해석된다. 수소기업협의체인 Korea H2 Business Summit의 참여 기업들 역시 현대자동차, 효성뿐만 아니라, SK, 포스코, 롯데, 한화, GS, 코오롱, 두산, 현대중공업 등 수소산업 생태계 내의 다양한 분야에 속한 대기업들의 참여가 확대되며 생산 및 유통 등 공급망 기업 중심으로 재편되고 있다. 이는 국내에 국한된 흐름이 아니라 세계적인 추세로 청정수소의 생산과 수요 확대 등에 대한 각국의 관심이 높아짐에 따른 것이다.[71] 수소경제 분야의 활성화를 위한 향후 계획은 생산 · 저장 · 운송 · 활용 등 단계별 수소 밸류체인을 구축하여 그 수요기반을 확충하는 것을 목표로 설정한 바 있다.

또한, 정부는 '수소경제 활성화 로드맵'을 발표하며 2040년 수소차와 연료전지 세계시장 점유율 세계 1위 달성을 목표로 설정하는 등 전방위적인 수소경제 활성화 전략을 추진하고 있다. 수소위원회

(Hydrogen Council)가 2017년에 발표한 보고서에 따르면 2050년까지 수소경제 활성화를 통해 연간 2,500억 달러 규모의 가치를 갖는 시장 형성이 예상되며 3,000만 개 이상의 일자리가 창출될 것으로 예측하였다. 또한, 수소운송 부문의 활용에서는 4억 대가량의 승용차, 500만 대가량의 버스, 2,000만 대 정도의 트럭 등에 적용되어 부문별 20~25%를 담당할 것으로 예상하며 수소기차, 선박 및 항공 화물 등 전 세계 에너지 소비의 20%가량이 수소로 대체될 것으로 내다보았다.

수소에너지는 성장 가능성이 큰 분야로서 만약 수소의 친환경성 및 경제성이 담보된 에너지원으로 변환할 수 있다면 생산 · 유통 · 저장 · 활용 부문 등에서 무궁무진한 잠재력이 있다. 이처럼 에너지원으로서 수소의 활용 방법은 다양하다. 그중 가장 효율적인 방법은 바로 발전원으로 이용하는 것이다. 수소는 터빈을 돌리는 발전에 직접 사용하기보다는 연료전지를 통하여 발전하는 방법으로 최근 주목을 받고 있다. 수소의 다른 효율적인 활용 분야는 자동차이다. 수소연료전지차는 아직 많은 인프라 확충이 필요하고 자동차 가격, 연료비용 등 가격 측면에서의 장점을 확보하지 못한 상태이다. 하지만 기능 측면에서 효율성, 주행거리, 충전속도, 수명, 가속 기능 등 다방면에 걸쳐 장점이 있다. 우리나라 역시 수소에너지의 상용화를 위하여 태양광 및 풍력에너지와 같은 재생에너지를 활용하고 수전해 방식 등 친환경적인 생산 및 활용 방향에 깊이 있는 논의가 필요하다.

하지만 현재의 '수소경제 활성화 로드맵' 등 우리나라의 수소 관련 정책은 주로 수소에너지의 활용 단계인 수요산업에 초점이 맞추어져 있어 수소에너지에 대한 직접적인 논의는 상대적으로 부족하다. 특히 수소에너지의 활용방안 역시 실질적으로는 다양한 이용 분야에 적용할 수 있음에도 불구하고 수소연료전지차나 난방용에만 치중되어 있어 수소에너지가 보편적 에너지원으로서의 명확한 역할을 수행할 수 있도록 하는 세부 정책 개발이 필요하다.

이러한 환경적인 문제와 상황적인 타당성 이외에도 경제성 또한 고려해야 할 필요가 있다. 열효율 측면에서 본다면, 수소에너지의 질량 당 에너지 밀도는 142kj/g로 다른 화석연료인 천연가스의 3배, 휘발유의 4배 정도이며, 같은 양의 연료로 3~4배의 에너지를 얻을 수 있는 효율적 에너지원임을 알 수 있다. 하지만 현재 국내에서 유통 중인 수소의 충전가격이 8,000원/kg으로 휘발유나 경유 및 LPG 등에 비해 높은 편으로 아직 경제성을 확보하지 못하고 있다. 정부는 계획적인 인프라 확충과 공급 확대 목표를 2022년 6,000원/kg, 2030년 4,000원/kg, 2040년 3,000원/kg대로의 가격 진입을 설정하였다. 물론 이와 같은 경제성을 확보하기 위해서는 정부의 정책적 지원과 기술개발 및 투자 등이 원활하게 이루어져야 한다. 수소가 에너지원으로 상용화되기까지는 경제성 확보와 기술개발의 담보, 주민 수용성 및 안전성 문제 등 현실적으로 해결해야 할 많은 제약이 있다.

2. 신재생에너지 기본계획의 주요 내용 및 쟁점

(1) 정책

2020년 12월 정부는 「신재생에너지법」 제5조에 따라 작성된 '제5차 신재생에너지 기술개발 및 이용 보급 기본계획(이하 '제5차 기본계획'이라 한다)'을 발표하였다. 제5차 기본계획(2020~2034년)에는 기후변화 대응과 경기 부양을 동시에 달성하기 위해 신재생에너지의 비중을 대폭 확대하는 내용을 포함한다. 2034년 최종에너지 중 신재생에너지 비중을 13.7%, 발전량 중 신재생에너지 비중을 25.8%까지 확대할 계획이다. 이를 추진하기 위한 전략으로 ① 질서 있고 지속 가능한 신재생에너지의 보급 확산체계 마련(풍력 인허가 통합기구 도입, 이격거리 규제 합리화 등 인허가 규제 개선), ② 신재생에너지 의무할당제와 관련된 RPS(Renewable Portfolio Standards) 시장 효율성 제고 및 다양화 촉진, ③ 재생에너지의 다양한 수요기반 창출(RE 100 본격화 및 자가용 재생에너지 활성화 확산), ④ R&D 혁신역량 제고 및 생태계 활성화(수소 전문기업 및 에너지혁신기업 육성), ⑤ 인프라 혁신(계통 수용성 증대를 위한 시스템 구축) 등을 내세우고 있다. 이러한 추진전략을 바탕으로 다양한 세부 추진계획을 제시하고 있다. 이러한 세부 추진계획 중에서 현행법으로 정책집행을 할 수 없거나 법령의 개정이 필요한 사항이 있는지를 검토해야 한다. 또한, 이러한 내용의 입법이 추진될 때 어떠한 문제점이 발생할 수 있는지도 함께 고려할 필요가 있다.

(2) 질서 있고 지속 가능한 신재생에너지의 확산

1) 주민참여 활성화 및 주민과의 이익공유 제도화

정부가 발표한 제5차 신재생에너지 기본계획에는 신재생에너지의 보급 확대를 위해 참여 주체 및 입지의 다변화와 인허가 규제 개선, 민간 공공투자 활성화 지원, 국민이 안심하는 신재생에너지의 확산을 검토하고 있다. 정부는 세부 추진과제에서 주민참여의 활성화와 주민과의 이익공유를 제도화할 것을 밝히고 있다. 태양광 풍력 등 재생에너지에 민간자본을 유치하는 노력은 바람직하지만, 지역주민의 참여 시 투자금을 장기저리 융자로 지원하는 것은 재고할 필요가 있다. 이러한 정책이 불필요한 투기로 이어질 수 있는 점도 있다. 국민 주주 프로젝트의 추진으로 인한 부작용이나 수익률의 저조로 인한 국민의 신뢰 저하 가능성 등에 대한 우려의 목소리도 있다. 이익공유의 가이드라인을 마련하는 것이 국민의 신뢰 제고를 위해 중요하며, 민간자본의 유치를 위한 투명성도 확보할 수 있다. 이러한 가이드라인을 '고시'할 필요가 있다. 나아가 정부는 2021년 수소발전 '의무화' 제도에 대한 입법을 추진할 예정이라고 밝히고 있다. 수소발전 의무화는 국민의 권리를 제한하고 의무를 부과하는 것이므로 법률유보의 원칙에 비추어 그 요건, 내용 및 절차 등을 법률에 명확하게 규정하여야 한다.

2) 지역 주도의 재생에너지 확산체계 구축

정부는 지역 주도의 재생에너지 확산과 관련하여 '집적화 단지 사업 추진'을 계획하고 있다. 산업통상자원부는 세부 추진과제에서 지방자치단체가 수용성 환경성 있는 집적화단지 사업(40MW 이상)을 추진할 경우 인센티브를 지원하고, 중장기적으로는 인허가 일괄처리가 가능한 계획입지로 전환한다고 하였다. 이러한 집적화단지의 입지요건으로 적합한 자원보유, 전원개발 가능, 주민수용성, 부지 기반시설 확보 등을 고려하고 있다. 「수소법」 제22조에 '수소특화단지'의 지정에 관한 규정을 두고 있다. 즉 "산업통상부장관은 수소 사업자와 그 지원시설을 유치하여 집적화를 추진하고 수소전기차 및 연료전지 등의 개발 보급을 지원하기 위하여 수소특화단지를 지정하여 자금 및 설비 제공 등 필요한 지원을 할 수 있다"라고 규정하고 있다. 집적화단지 사업과 관련하여, 「수소법」에는 집적화단지의 입지요건이나 인허가 일괄처리가 가능한 계획입지에 관한 규정이 없다. 「수소법」에는 막연히 자금 및 설비 제공 등을 예시적으로 규정하고 있다. 세부 추진과제에서 '지역에너지센터(가칭)'의 설립 등 지역 맞춤형 에너지 전환을 위한 지방자치단체의 역할을 강화하는 방안을 생각하고 있다. 이와 관련하여 기후위기 대응을 위한 「탄소중립법」 제30조는 지역 에너지 전환의 지원을 규정하고 있다. 즉 정부는 기후위기에 대응하기 위하여 지역별로 신재생에너지의 보급 확대 방안을 마련하는 등 지방자치단체의 에너지 전환을 지원하는 정책을 수립 시행하여야 한다. 지방자치단체의 장은 관할 지역 내에 '탄소중립 지원센터'를 설립 또는 지정하여 운영할 수 있다(「탄소중립법」 제68조). 탄소중립 지원센터는 지역의 탄소중립 녹색성장에 관한 계획의 수립 시행뿐만 아니라 에너지 전환 촉진 등을 통한 탄소중립 사회로의 이행과 녹색성장의 추진을 목적으로 한다. 다만, 이러한 '지역에너지센터'와 '탄소중립 지원센터'의 관계가 모호한데, 양자의 관계를 명확히 할 필요가 있다.

3) 전력공기업 등 공공부문의 대규모 프로젝트 참여

세부 추진과제에서 망 중립성 확보, 중소사업자 보호 등 공정한 역할 정립을 전제로 공동접속설비 등이 필요한 대규모 프로젝트에 전력공기업 등이 참여하는 것이 검토되고 있다. 일정 규모 이상의 대규모 해상풍력발전소의 설치가 여기에 해당한다. 재생에너지의 효용성 향상과 국가경쟁력을 위해서는 긍정적으로 평가할 수 있다. 그러나 「전기사업법」상 허가기준이나 사업허가의 취소 등을 위반하거나, 독점규제 및 공정거래에 관한 법률에 따른 불공정행위나 독과점 등이 문제가 되지 않도록 전력공기업의 참여 요건에 관하여 구체적인 규정을 마련할 필요가 있다.

4) 보급확대를 위한 인허가 규제 개선

세부 추진과제에서 풍력발전소의 설치 과정을 지원하는 풍력 인허가 통합기구(One-Stop Shop)를 도입할 예정이다. 즉 입지발굴, 발전지구 지정, 사업자 선정, 인허가 등의 모든 과정을 신속하게 진행하기 위한 것이다. 이러한 제도는 절차 간소화와 행정의 효율성을 고려한 것이다. 그러나 '원스탑샵'의 의미가 불분명하다. 또한, 일련의 모든 과정(입지발굴 → 발전지구 지정 → 사업자 선정 → 인허가 등)을 어떠한 방식으로 지원할 것인지를 구체적으로 밝힐 필요가 있다.

독일에서는 「에너지관리법(EnWG)」 제4조 제1항 제1문에 의해 에너지 공급망의 운영 개시를 위해 주(란트)법에 따른 관할 행정청의 허가(Genehmigung)를 받아야 한다. 이 경우 허가는 기속행위이며, 관할 행정청은 인적 기술적 경제적 능력이나 신청인의 신뢰성이 흠결된 경우 신청허가를 거부해야 한다. 이는 전형적인 통제허가이다. 그러나 에너지시설의 설치 운영을 위해서는 승인(Zulassung)이 필요하며, 시설승인의 허가요건을 충족해야 한다. 나아가 고압공중전선은 국경을 넘는 직류 고압전압선 등 일정한 경우를 제외하고 계획확정절차가 필요한 때도 있다. 세부 추진계획에는 재생에너지 설비 통합 안전관리 체계 구축을 언급하고 있으나 안전과 관련된 인허가 절차를 '인허가 통합시스템'과 연계한다는 것이 무엇을 의미하는지가 여전히 불분명하다. 이러한 문제는 인허가 등의 감독권과 관련된 것이므로 감독의 소재나 책임 등을 법률에 명확하게 규정하는 것이 바람직하다. 「수소법」이나 「신재생에너지법」에는 이러한 인허가 등에 관한 규정을 두고 있지 않다.

5) 신재생에너지 설비의 안전성

태양광, 풍력, 수소 등 신재생에너지의 안전기준에 관한 규정을 체계적으로 정비할 필요가 있다. 세부 추진과제에서 산지 태양광 안전관리 강화 방안 후속 조치를 마련하고, 풍력도 블레이드의 안전성 제고를 위한 인증기준을 강화한다고 밝히고 있다. 또한, 수소도 2022년까지 연료전지, 수전해 설비, 수소 추출기 등 저압수소용품 사용시설 안전관리 강화를 위해 상세 안전기준을 마련할 예정이다. 「수소법」

제36조에는 수소용품 제조사업 허가를 규정하고 있지만, 허가의 요건이나 기준을 명확히 제시하고 있지 않다. 통상의 허가란 법령의 요건을 충족하면 발급되어야 한다(통제허가). 수소용품 제조사업 허가를 통상의 허가(통제허가)로 보아야 하는지도 명확하지 않다. 「수소법」 제36조 제2항의 규정을 보면, 일정한 경우를 제외하고 원칙적으로 허가를 발급하여야 한다고 규정하고 있다. 「수소법」에는 시설기준 및 기술기준 등을 규정하고 있다(제36조 제3항, 제38조 제4항). 또한, 안전관리규정은 산업통상자원부령으로 제정하도록 위임하고 있다. 이러한 규정의 기술성과 유동성을 고려하면 이해할 수 있는 부분도 있지만, 법률 차원에서 안전기준에 관한 지침이나 방향 등을 수범자가 충분히 예측할 수 있도록 규정하는 것이 바람직하다.

3. 신재생에너지 관련 법제의 현황 및 문제점

(1) 풍력

독일은 재생에너지의 비중을 2030년까지 총 전력소비량의 60%까지 높이고, 2050년까지는 경제수역을 포함한 독일의 영토에서 생산되거나 소비되는 총 전력의 온실가스를 영(零)으로 하는 것을 「재생에너지법」이 달성해야 하는 목표로 삼고 있다(독일 「재생에너지법」 제1조 제1항 및 제2항).[72] 「신재생에너지법」 외의 개별법에는 신재생에너지와 관련된 단편적인 규정을 두고 있을 뿐이다. 예컨대 「발전소주변지역 지원에 관한 법률」 제2조 및 동법 시행령 제2조에 수력발전소, 조력발전소 또는 해상풍력발전소의 주변 지역 지원에 관한 규정을 두고 있다. 「농지법 시행규칙」 제31조의2에는 태양에너지 발전설비를 설치할 수 있는 지역을 규정하고 있다. 그러나 이러한 신재생에너지 시설의 설치 등을 규율하는 독립된 법률은 거의 없다. 「신재생에너지법」도 "신에너지 및 재생에너지의 기술개발 및 이용 보급촉진"과 "신에너지 및 재생에너지 산업의 활성화"를 목적으로 한다는 점에서 그러하다. 그러나 위 법률안에는 그러한 내용이 명확히 규정되어 있지 않다. 「풍력발전 보급촉진 특별법」은 풍력발전시설의 설치와 풍력단지의 조성에 '통합적 행정절차'를 처음으로 규정하고 있다는 점이 중요하다.

(2) 태양에너지

「신재생에너지법」 제2조 제2호에는 태양에너지를 재생에너지로 분류한 규정만을 두고 있으며, 태양에너지를 별도로 자세히 규정한 법률은 없다. 다만, 태양에너지에 관한 단편적인 규정만을 두고 있다. 전기사업법상 허가기준으로 「신재생에너지법」 제2조에 따른 태양에너지 중 태양광, 풍력, 연료전지를 이용하는 발전사업의 경우 대통령령으로 정하는 바에 따라 발전사업 내용에 대한 사전고지를 통하여 주민 의견수렴 절차를 거칠 것으로 규정하고 있다(동법 제7조 제5항 제5호). 「농지법」 제36조에서도 일정한 태양에너지 발전설비에 대해 농지 복구를 조건으로 다른 용도의 일시사용허가를 규정하고 있다. 그 밖에 「환경친화적 자동차의 개발 및 보급 촉진에 관한 법률」 제2조 제4

호는 태양에너지를 동력으로 하는 '태양광자동차'를 규정하고 있다. 이와 달리 독일의 2021년「재생에너지법」제37조 이하에는 태양에너지 시설과 관련한 모집공고에 관한 상세한 규정을 두고 있다.

(3) 수소에너지

「신재생에너지법」에는 수소에너지를 '신에너지'의 일종으로 분류한 규정만 두고 있다(제2조 제1호 가목). 다만, 수소경제의 이행 촉진을 위한 기반 조성 및 수소산업의 체계적 육성을 위해「수소법」이 제정되어 있다.「수소법」제4장에는 '수소연료공급시설'의 설치 등에 관한 규정을 두고 있다. 수소연료공급시설 설치계획서의 제출을 요청받은 일정한 시설운영자는 산업통상자원부장관에게 소정의 계획서를 제출하여야 한다(동법 제19조 제1항 및 제2항). 그러나 수소법에는 이러한 계획서에 대해 산업통상산업부장관이 어떤 행정처분이나 행정조치 등을 할 수 있는지를 명확히 규정하고 있지 않다. 산업통상자원부장관은 연료공급시설 설치계획서의 변경을 요청하거나 그 설치계획서에 따라 이행하지 않는 시설운영자에게 그 이행을 요청하는 규정을 두고 있을 뿐이다. 이러한 내용은 권고적 성격만 가질 뿐, 강제적 규정이라고 보기는 어렵다. 수소연료공급시설의 설치에 개시통제의 수단이 보이지 않는다.

(4)「전기사업법」

「전기사업법」은 발전사업, 송배전사업, 판매사업, 구역전기사업 등을 전기사업으로 규정하고 있다. 법에서는 전기사업의 허가를 다룰

뿐 특별한 경우를 제외하면 개발행위 허가 등 관련 인·허가 등의 의제는 다루지 않는다(「전기사업법」 제2조 제1호). 따라서 「전기사업법」에 따른 발전사업허가를 얻어 사업을 하고자 한다면 필요한 인·허가는 개별법의 규정을 따라야 한다. 그리고 전기사업을 하려는 자는 전기사업의 종류별 또는 규모별로 허가받아야 하고, 일반적으로 동일인에게는 두 종류 이상의 전기사업을 허가하지 않는다(「전기사업법」 제7조). 즉, 전기사업에 대한 허가는 원칙적으로 하나의 전기사업만을 허가하고 있다. 이 규정에 따르면 발전사업자는 송배전사업자나 판매사업자가 될 수 없다. 시행규칙에 따라 3천kW를 초과하는 발전사업의 허가는 전기위원회의 심의를 거쳐야 한다. 3천kW 이하의 발전사업 허가는 광역지자체 장이 부여할 수 있다. 일반적인 재생에너지 개발사업은 규모와 상관없이 대부분 「전기사업법」에 근거해 발전사업허가를 취득하고 관련한 인·허가를 취득하는 과정을 거친다. 그러나 「전기사업법」이 보상협의나 이해관계자 조정에 대해 규정을 두지 않음으로 인해 재생에너지 개발을 추진하는 민간사업자는 법률상 근거 없이 보상협의를 진행하고 보상대상과 보상액을 특정하지 못한다. 그 결과 개별사업 간의 보상에 일관성이 결여되고 이해관계자와의 갈등은 더욱 깊어지는 경우가 많다.

(5) 「풍력발전 보급촉진 특별법(안)」

「풍력발전 보급촉진 특별법(안)」은 풍력발전 사업자가 개별적으로 입지발굴에서 주민 수용성 확보와 복잡한 인·허가 절차를 모두 수행함에 따라 보급이 지연되고 있다는 배경 등에서 출발하였다. 탄소중립 실현과 풍력보급 목표의 이행을 위해 정부가 주도해 입지를 발굴하고 주민 수용성이 확보된 발전지구에서 풍력발전 전과정을 지원하기 위해 필요한 행정절차를 규정하고자 하는 목적으로 발의되었다. ① 풍력발전시설의 설치와 풍력단지 조성에 관한 통합적 행정절차 규정, ② 풍력발전 관련 사항을 심의 · 의결하는 풍력발전위원회 및 이를 지원하는 풍력발전추진단의 설치, ③ 입지정보망을 활용한 고려지구 지정 및 주민 수용성 확보에 기반한 환경친화적인 발전지구의 지정, ④발전사업의 능력을 갖춘 발전사업자의 선정, 발전지구 실시계획의 승인 및 이와 관련된 인 · 허가 등의 의제 등을 다룬다.

(6) 재생에너지법 제정 필요성

과거 국가주도 개발이 전부이던 시절에 만들어진 「전원개발촉진법」은 있으나, 새로 개발되는 발전원은 재생에너지가 주류이고, 이러한 재생에너지 개발을 민간이 주도하는 시대변화에 부합하는 개발법이 필요하다. 우리 법체계가 아직 재생에너지 개발을 위한 법을 마련하지 못한 상태에서 재생에너지 개발이 이루어지다 보니 결국 주민 수용성을 얻는 데에 실패하고 결과적으로 사업도 빈번히 지연되거나 결국 실패하기도 한다. 이러한 재생에너지를 둘러싼 갈등은 대표적 재생에너지 기술인 태양광과 풍력에서 모두 찾을 수 있다. 재생에너지 개발을 위해서는 보다 합리적이고 민주적이며 선진화된 절차를 정리한 법을 제정해야 할 것이다.

Chapter 06

ESG 경영과 녹색금융

Chapter
06

ESG 경영과 녹색금융

I | ESG 경영

1. ESG 경영의 의미

(1) 기업의 지속가능성과 기업의 사회적 책임(CSR)

현대 자본주의 사회에서 사회적 가치를 중요시하는 착한 기업은 선호하고 부도덕하거나 불법적인 경영활동을 펼치는 기업에 대해서 불매운동을 펼치는 윤리적 소비행위는 자연스러운 소비문화로 정착하고 있다. 환경오염을 비롯하여 기후, 인권, 생명 등을 외면하는 기업에 대해서는 소비자 불매운동의 파장이 더 커지고 있지만, 아직 기업의 사회적 책임이 기부나 모금 또는 봉사활동을 수행하는 것으로 인식하는 경향이 있다. 기업의 사회적 책임(CSR: Corporate Social Responsibility)은 사회공헌의 차원을 넘어 기업이 속한 모든 책임을 포함하고 있으며 기업경영의 필수요소로 주목받는다.[73] CSR은 기업이 사회에 대한 경제적 책임을 비롯하여 법적 · 윤리적 · 자선적 책임을 갖는 것으로 정의된다. 경제적 책임은 경쟁적 비즈니스에서 재정적 효율성을 지향하도록 허용한 사회에 대한 공헌과 개발 활동을 수행하는 것이다. 윤리적 책임은 사회적 관습 및 윤리적 규범에 부응하고 기업 목적 달성에 비윤리적 행위를 예방하는 노력을 기울이는 것이며, 법적 책임은 다양한 법률과 규제에 부합하는 사업 활동을 수행하는 의무가 부과된 것이다. CSR은 지역사회와 상생, 공정한 거래, 준법 경영, 근로자 인권 존중, 제품 품질 및 안전, 환경보호 등 기업이 경제적 · 사회적 · 환경적 관점에서의 책임을 함께 수행하는 경영활동이다.

(2) ESG 경영

국내외적으로 ESG에 관심이 확대되면서 이에 대한 논의가 각국 정부는 물론 국제기구, 기업 및 학계 등에서 활발히 이루어지고 있다. ESG는 환경(Environment), 사회(Social), 지배구조(Governance)의 영어 단어 첫 글자를 조합한 신조어이다. 기업의 지속가능성을 위한 3가지 핵심요소다. 기업의 경영에서 지속가능성장을 위하여는 재무적 성과뿐만 아니라 환경, 사회, 지배구조 측면의 비재무적 요소도 고려되어야 한다는 것이다. ESG 용어는 2004년 말 유엔 글로벌 콤팩트(UN Global Compact)가 작성한 보고서인 "*Who Cares Wins - Connecting Financial Markets to a Changing World*"에 처음으로 사용되었다.[74] 이 보고서에서는 투자자들이 '투자대상 기업의 지속가능성 수준을 체계적으로 판단할 수 있는 기준'으로 ESG를 제시하고, 투자자 외에 기업, 연기금, 금융기관, 정부, NGO 등 다양한 시장 참여자들의 ESG와 관련된 역할을 제시하였으며 상호 지속해서 논의할 것을 권고하였다.

ESG는 기업이 환경을 보호하고, 사회적 가치를 중요하게 여기며, 투명하고 윤리적인 지배구조 개선을 실천해야 지속 성장이 가능하다는 의미를 담고 있다. 이는 기업이 얼마나 돈을 잘 버는지가 아니라 어떻게 돈을 벌고 쓰느냐와 관련된 영역에 해당한다. 기업의 핵심 이해관계자인 투자자와 고객, 정부 등이 기업에 높은 수준의 ESG 경영 체계를 갖추도록 요구하는 시대가 도래하였다. ESG는 1970년대 이후 촉발된 '지속가능금융(Sustainable Finance)' 개념의 진화과정에서 주목받았다. 2008년 세계 금융위기 이후 전통적 금융에 대한 반성으로 사회적 가치를 중시하는 지속가능금융의 공감대가 확산하면서 2010년대 초반 들어 사회적 금융 중심으로 지속가능금융에 관한 논의가 전개됐다. 기업의 성과는 전통적으로 영업이익이나 매출액 등 재무적 성과를 기준으로 평가됐으나, 기업의 지속 가능한 성장을 위하여는 환경, 사회, 지배구조 측면의 비재무적 요소인 ESG도 고려되어야 한다는 것을 의미한다. ESG는 초기에 세계환경개발위원회(WCED), 유엔환경개발회의(UNCED), 유엔 글로벌 콤팩트(UNGC) 등 국제기구를 중심으로 논의가 이루어졌다. 그러나 최근에는 미국의 비즈니스 라운드 테이블과 같은 기업인단체나 세계 최대의 자산운용사인 블랙록 등의 투자기관들에 의하여 논의가 확산되어 왔다. ESG 논의의 초기 단계에서는 기업경영에서 ESG를 자율적으로 고려하도록 권고하였으나, 최근에는 기업에 대하여 ESG 관련 정보 공시를 의무화하는 국가들이 급속히 증가하고 있다.

최근에는 기후 · 환경변화의 중요성과 함께 탄소중립 의제화 등의 영향으로 환경문제에 대한 논의가 주목받으며 ESG 경영의 중요성이 증대되고 있다. ESG 경영의 가시적 변화가 나타나고 있는 분야가 바로 '기후변화대응'이다. 탈탄소 사회경제 체제로의 세계질서 재편 과정에서 글로벌 유수 기업들은 자발적 탄소 저감 활동 및 저탄소 기술투자 등 탄소 넷 제로(Net Zero)를 목표로 한 ESG 혁신을 이루어지고 있다.

(3) 정보 공시

EU와 그 회원국에서는 ESG 관련 정보 공시의 법제화를 선도적으로 추진하여 왔다. EU에서는 2020년 7월 '녹색분류체계 규정(Taxonomy Regulation)'이 발효되었다. 2021년 3월부터 '지속가능금융 공시 규정(SFDR)'이 시행되었으며, 2021년 6월 유럽 기후 중립 달성을 위한 체계 수립 규정(유럽 기후법)이 채택되었다. 2021년 4월에 기업의 '비재무 보고 지침(NFRD)'을 대체하는 '기업 지속가능성 보고 지침(CSRD)'을 제안하였다. 그리고 2022년 2월 23일 EU 집행위원회는 '기업 지속가능성 실사 지침(DCSDD)'안을 제안하였으며, 4월에는 '유럽 지속가능성 보고표준(ESRS)' 초안을 발표하였다.

우리나라에서는 2020년 후반부터 ESG에 관한 관심이 급증하였으며, 정부는 2021년을 'ESG 경영 확산의 원년'으로 선언하였다. 그리고 2021년 1월 14일 금융위원회, 금융감독원과 한국거래소가 '기업공시제도 종합 개선방안'의 목적으로 코스피(KOSPI) 상장회사의 ESG 정보 공시를 단계적으로 의무화하는 계획을 발표하였다. 이에 따라 2025년부터 자산총액 2조 원 이상의 코스피 상장회사가 지속가능경영보고서에 ESG 정보를 의무적으로 공시하고, 2030년부터 모든 코스피 상장회사가 이를 의무적으로 공시하게 되었다. 한국거래소는 상장회사들에 ESG 정보공개 보고서의 방향을 제시하기 위하여 'ESG 정보공개 가이던스'를 공표하였다.

한국기업지배구조원(KCGS)은 상장회사를 위하여 1999년에 제정한 '기업지배구조 모범규준'과 2010년에 제정한 '환경 모범규준' 및 '사회 모범규준'을 2021년 8월에 변화된 기업 경영환경과 글로벌 스탠더드에 부합하도록 개정하여 발표하였다. 한국기업지배구조원(KCGS)은 건전한 기업경영의 방향을 제시하기 위하여 국내에서 가장 먼저 ESG 관련 모범규준을 제정하여 발표하였다.[75]

지배구조 모범규준은 리더십의 역할과 책임을 보다 강조하고 있다. 특히 이사회 중심으로 지속가능성을 추구할 것을 제안하고, 이사회가 더욱 적극적인 역할과 책임을 수행할 것을 요구한다. 이러한 이사회 중심의 ESG 경영 관점은 경영전략, 위험관리, 보상체계 등에서 지속가능성 검토를 추가하고, 주주 및 이해관계자와 적극적인 소통을 할

것을 포함한다.[76]

그 밖에 2021년 12월 산업통상자원부는 글로벌 기준에 맞으면서도 기업이 ESG 경영 목표를 수립하는 데 쉽게 활용할 수 있도록 국내외의 ESG 이행과 평가의 핵심 · 공통사항을 제시한 'K-ESG 가이드라인'을 제정하였다. 주로 국내 시장에서 영업활동을 하는 상장회사들은 국내의 가이드라인에 따라 지속가능경영보고서를 작성하여 공개하면 정보공시 의무를 충족할 수 있을 것이다.

환경 모범규준은 전 세계적으로 환경정보 공개 요구가 급증함에 따라 기후변화 관련 자발적 공시체계인 CDP(Carbon Disclosure Project), TCFD(Task Force on Climate-related Financial Disclosures)를 반영하고 있다. 특히 기후변화와 관련된 새로운 내용도 추가하여 기후변화의 중요성을 강조하였다.[77] 사회 모범규준은 기업의 사회책임경영 리더십과 비재무적 리스크 관리를 강조하고 있다.

또한, 기존 이해관계자 중심의 분류를 사회책임경영 주요 이슈 중심으로 개편하였다. 그리하여 기존에는 근로자, 협력사 및 경쟁사, 소비자, 지역사회 등 이해관계자 중심으로 분류하였으나, 리더십과 이를 뒷받침할 거버넌스, 비재무 위험관리 등을 신설하고, 사회책임경영의 핵심 이슈를 재편하였다. 특히 협력사와의 관계가 점차 중요해짐에 따라, 동반 성장을 전제로 한 공급망 관리의 중요성을 강조하고 있다.[78]

2. ESG 경영을 위해 보완되어야 할 공시 기준

(1) ESG의 환경요소(E) 관련 정보 공시기준

환경 지표에 담긴 내용은 삼림, 담수, 생물 등과 같은 자연 자본과 지구가 흡수할 수 있는 탄소의 양에는 한계가 있음에도 인간이 지구의 능력과 수용범위에서 한참 벗어난 수준으로 소비와 생활을 하고 있다는 문제의식에서 출발한다. E의 핵심은 이미 지나간 역사에서 행해진 한계 이상의 행위로부터 발생한 파괴를 다시 회복하겠다는 복원주의에 있다. 지표 중 최근 들어 전 세계의 가장 많은 이목을 끌고 있는 것은 기후변화 이슈이다. 전 세계는 넷 제로(Net Zero), 탄소중립 등 다양한 용어를 사용하면서 기후위기에 대응하기 위해 탄소 감축목표를 내세우고 있다. 가장 많은 탄소배출원인 산업계의 변화를 촉구하고 있다. 이에 기후변화가 E 지표에 주요 요소로 담기며, 해당 요소에 따라 E 지표의 평가내용에는 '온실가스 배출을 줄이기 위하여 기업에 뚜렷한 목표와 방법이 존재하는가?', '사막화를 방지하는 등 기후위기 대응을 위한 활동을 하고 있는가?' 또는 '사업에서 재생에너지를 사용하고 있는가?' 등이 고려될 수 있다. ESG의 정보 공시기준은 재무보고에서 표준화된 기준으로 사용되는 IFRS, GAAP 등과 같은 보편적으로 사용되는 국제적 기준이 마련되어 있지 않다. 따라서 기업이 선택한 다양한 방식에 따라 ESG 관련 정보가 공시되고 있으며, 최근에는 ESG 정보에 기초한 투자를 하려는 정보이용자들의 수요 증가로 인하여 더욱 표준화된 ESG 정보 공시에 대한 필요성이 증대되고 있다.

(2) 우리나라의 환경요소(E) 관련 정보 공시기준

우리나라는 단계적으로 ESG 정보 공시를 의무화하도록 예정하고 있다. 1단계로서 ESG 정보 공개를 위한 지침을 마련하고 자율적으로 공시하도록 하되, 2단계로서 2025년부터 자산규모 2조 원 이상의 상장사에 대하여 '지속가능경영보고서' 공시를 의무화하고, 3단계로서 2030년 이후 코스피 상장사 전체에 대하여 '지속가능경영보고서' 공시를 의무화하였다.

2021년 1월 발표된 한국거래소의 'ESG 정보 공개 가이던스'에 따르면 ESG의 환경(E), 사회(S), 지배구조(G) 요소별 정보 공개 권고지표는 모두 12개 항목이 있으며, 이 중 환경(E)과 관련된 지표는 온실가스 배출, 에너지 사용, 물 사용, 폐기물 배출, 법규 위반 및 사고로 5개 항목이다. 온실가스 배출에 대하여는 회사가 소유하고 관리하는 물리적 장치나 공장에서 대기 중으로 방출하는 온실가스 배출량인 직접 배출량(Scope 1), 회사 소비용으로 매입 또는 획득한 전기, 냉난방 및 증기배출에 기인한 온실가스 배출량인 간접 배출량(Scope 2), 활동, 생산 기타 조직별 미터법의 단위당 배출된 온실가스 배출량인 배출집약도 등 3개의 세부지표를 제시하였다. 에너지 사용에 대하여는 조직이 소유하거나 관리하는 주체의 에너지 소비량인 직접 에너지 사용량, 판매제품의 사용 및 폐기처리 등 조직 밖에서 소비된 에너지 소비량인 간접 에너지 사용량, 활동, 생산 기타 조직별 미터법의 단위당 필요한 에너지 소비량인 에너지 사용 집약도 등 3개의 세부지표를 제시하였다. 물 사용에 대하여는 조직의 물 사용 총량을, 폐기물 배출에 대하여는 매립, 재활용 등 처리방법별로 폐기물의 총 중량을, 법규 위반 및 사고에 대하여는 환경법규 위반 · 환경 관련 사고 건수 및 조치 내용의 세부지표를 제시하였다.

3. ESG 경영 관련 정책

(1) 정부의 일관된 정책추진과 협업체계 구축

기후위기 대응이 전 세계 과제로 떠오르면서 E 지표가 ESG의 핵심으로 자리 잡고 있다. E 지표의 평가 기준에는 여러 가지가 있지만, 그중 단연 주목을 받는 것은 기후대응 차원에서 탄소중립사회 달성을 위한 탄소 저감 또는 배출 여부다. 기업이 얼마만큼 탄소저감에 이바지했는지가 E 지표 평가의 핵심이 되는 것이다. 기후대응이라는 전 세계적 큰 그림이 그려지고 있고, 탄소중립이 국가목표로 설정된 상황에서 정부는 기업이 해당 규제를 준수하고 기업경쟁력을 높일 수 있도록 장려해야 한다. 즉, 정부는 규제만 강화할 것이 아니라 기업과 협업체계를 구축하고 관련 기술개발에 투자할 수 있도록 하는 등 장기적인 안목에서 법 · 정책적 변화에 대응할 수 있도록 조력해야 한다. 다만 이와 같은 기후변화 대응 및 적응정책은 구속력 있는 단계적 감축 목표하에 방향성 있게 진행될 필요가 있고, 정부와 기업의 긴밀한 협업체계를 통해 유기적 관점에서 접근되어야 할 것이다.

(2) 'ESG 열풍'에 맞서 'ESG 회의론'

'ESG 열풍'이 불고 있지만, 'ESG 회의론'도 등장했다. 착한 기업인데 돈을 못 버는 이른바 'ESG 딜레마 현상'을 지적한 것이다. 프랑스 최대 식품기업 '다농(Danone)'의 경우이다. '다농'은 탄소배출을 줄이기 위한 각종 친환경 방침을 세우고 기업의 사회적 책임과 공익추구를 강조하는 등 ESG 경영의 교본으로 불리던 회사다. 그러나 1년 반 사이 주가가 20% 넘게 하락하고 매출이 7%가량 줄어드는 등 실적 부진이 이어지자, 다농의 주요 주주인 행동주의펀드는 7년간 회사를 이끌어 온 최고경영자(에마뉘엘 파베르)를 퇴출하였다. ESG 평가기준에 대한 허점을 지적하는 목소리도 있다. 미국 빅테크 기업들은 대체로 ESG 등급이 높지만, 등급이 낮은 제조 · 서비스 분야 기업들보다 세금을 훨씬 적게 내고 일자리도 많이 만들지 못한다는 것이다.

주요 대기업의 ESG 경영성과는 평가기관에 따라 큰 차이를 보이면서 신뢰성을 담보하고 있지 못하여 국내에서도 우려와 비판의 소리가 있다. 국내외 권위 있는 평가기관조차 점수를 평가하는 기준을 뚜렷이 공개하고 있지 않다는 건데, 기업들이 ESG 경영평가지표로 주로 활용하는 모건스탠리캐피털인터내셔날은 물론 다우존스 지속가능경영지수, 글로벌 컨설팅회사인 레피니티브, 한국기업지배구조원 등도 대외비라는 이유로 언론이나 경제단체 등 외부에 평가모형을 공개하지 않고 있다.

ESG 경영의 확대는 기업의 환경 및 사회적 책임에 관한 관심이 높아지고 기업경영의 목적이 이해관계자 중심의 가치 제고로 전환되면서 그 필요성이 높아진 만큼, 기업의 존립 목적은 기업경영을 통해 단순히 단기 이익을 극대화하는 것을 넘어 이해관계자를 포함한 보다 포괄적인 가치를 성취하는 방향으로 전개되어야 한다. ESG란 회사가 경영과 관련한 의사결정을 하고, 투자자가 투자와 관련한 의사결정을 함에 있어 재무적 요소뿐 아니라 환경 · 사회 · 지배구조 같은 비재무적 요소도 함께 고려해야 한다는 주장을 말한다. ESG 논의는 재무적 요소와 비재무적 요소를 종합적으로 고려하자는 것이지, 재무적 요소를 경시하면서 비재무적 요소만을 고려하자는 주장이 결코 아니다. ESG 논의의 핵심은 재무적 요소와 비재무적 요소를 균형 있게 고려하고 이해관계자를 적절하게 배려하는 것이 회사의 지속 가능한 발전과 투자자의 장기적 투자수익에 이바지한다. 친환경에너지 가격이 크게 상승하면 이에 대한 비중을 일시적으로나마 줄이는 것이 기업의 ESG 평가에 부정적으로 작용할 수는 있지만, 종합적으로는 기업의 이익에 부합할 수 있다. 물가상승으로 소비자들이 제품의 친환경 · 친사회적 요소보다 저렴한 가격을 중시하면 기업의 전략 역시 이에 따라 변하는 것이 자연스럽다. 지속해서 변화하고 강화되는 국내 규제환경을 고려하면, 이미 도입되었거나 도입될 예정인 ESG 관련 규제들에 따른 경영상 리스크에 대해 분석하고, 전략적인 대응을 모색할 필요가 있다. 업계마다 경영환경이 다르므로 ESG 기준은 업계에 따라 달라질 수밖에 없다. 금융업의 경우, 펀드설립부터 시작하여 청산까지 투자 활동 전반에 ESG 요소들을 고려할 수 있도록 해야 한다. 광업, 건설업 등의 업계는 환경 및 안전 관련 규제들에 대한 자문과 함께 노동, 인권, 기업구조, 부패방지 관련 내용이 필요하다. 제조업의 경우 소비자들의 자연 친화적인 제품에 대한 선호도가 늘어나면서 규제 당국과 함께 제조업체들에 제품의 제조 및 유통 그리고 경영과 관련된 정보의 제공이 필요하다.

II | ESG 경영 관련 법제

1. EU의 ESG 원칙 관련 법제화 동향

EU 위원회는 2019년 12월 '유럽 그린딜(A European Green Deal)'을 공표하여 EU의 2050년까지 온실가스 실질배출 제로를 통한 기후중립성 달성, 경제성장과 자원이용 디커플링(탈동조화) 및 기후중립 이행에 있어 누구도, 어느 지역도 예외로 하지 않겠다는 목표를 제시하였다. EU는 EU 공동의 목표 달성을 위해 정책의 근간이 되는 ESG 준수 가이드라인을 제시하고 모든 회원국에 같이 적용하고자 한다.

2. 독일 입법

EU 회원국 중 독일에서는 ESG와 관련하여 2023년 1월 1일 자로

「공급망기업실사의무화법(LkSG: Lieferkettensorgfaltspflichtengesetz)」(이하 「공급망법」)이 시행되었다. 그 외에 2021년 8월 이미 입법화된 주식법상 여성임원 할당제, 2018년 도입된 「상법」상 비재무적공의무도 ESG와 관련이 깊다. 독일은 환경(E)과 사회(S) 분야에 있어 선도적인 입법을 전개하고 있고, 거버넌스(G)와 관련하여서는 ESG를 고려한 기업의 경영을 독일회사지배구조모범규준을 통해 권고하고 있다. 특히 위의 「공급망법」은 3,000명 이상의 직원이 있는 독일에 기반을 둔 회사에 적용되고, 2024년 1월 1일부터 직원 1,000명 이상이 있는 기업에 확대 적용된다. 「공급망법」은 증가하는 환경, 사회, 지배구조의 추세를 지속하는 중요한 이정표라고 평가되고 있다. 이처럼 각종 ESG 관련 법제화가 진전되고 있다.

3. 우리나라의 ESG 관련 법제화 현황

(1) 법제화 현황

ESG와 관련된 분야는 매우 광범위하므로 일종의 기본법이 제정되기는 어렵다. 다만 환경 관련 분야에서 2008년 「지속가능발전법」과 2010년 「저탄소녹색성장기본법」을 제정하여 시행하고 있다. 「지속가능발전법」상 지속가능성이란 현재 세대의 필요를 충족시키기 위하여 미래 세대가 사용할 경제 · 사회 · 환경 등의 자원을 낭비하거나 여건을 저하(低下)시키지 아니하고 서로 조화와 균형을 이루는 것을 말한다

(동법 제2조 제1호). ESG 중 환경 분야와 관련된 「대기환경보전법」, 「토양환경보전법」, 「해양환경 보전 및 활용에 관한 법률」이 존재한다. 사회적 분야(S)와 관련하여서는 「제조물책임법」, 「공정거래법」을 예로 들 수 있다. 지배구조 분야(G)와 관련된 법률로는 「상법」, 「자본시장과 금융투자업에 관한 법률」, 「금융회사의 지배구조에 관한 법률」을 예로 들 수 있다.

(2) 주주총회 관련 내용

구체적으로는 기업경영에 있어서 ESG 요소를 고려하여 이사회의 모든 의사결정이 이루어져야 한다는 선언적 규정을 마련할 필요가 있다. 기업에 대한 이사회의 업무수행과 실적에 대한 평가를 주기적으로 이행하여 그 내용을 공시하는 방안을 검토할 필요가 있으며, 이사는 주주의 이익을 위한 의사결정을 해야 한다. 다른 이해관계인들의 이익은 주주의 이익 증진에 도움이 되는 한도 내에서 고려되어야 한다고 볼 때, 그 한도를 정하는 기준은 '경영판단의 원칙'의 적용을 통해 해결될 수 있다. 법정의 감사기관인 감사 및 감사위원회와 내부감독기관(이사회) 간의 관계설정 및 역할 분담의 문제, 그리고 법정감사기관과 내부통제기구 간의 관계설정 및 역할 분담 문제를 상법에 명확히 반영해야 한다. 최근 논의되고 있는 집단소송제도나 징벌적 손해배상제도의 도입, 「금융소비자보호법」 개정, 「중대재해처벌법」, 환경법규 강화 등에 현명한 대처가 요구된다.

Ⅲ | 녹색금융

1. 녹색금융의 발전

(1) 외국의 녹색금융

유엔환경계획(UNEP: UN Environment Programme)에서 지속가능금융은 "의사결정을 할 때, 재무적 성과만이 아니라 ESG 등 비재무적 요소를 감안하는 포괄적인 접근"을 지향하고, 녹색금융은 "환경적 요인에 주력하는 금융"을 지향하며, 기후금융은 "기후변화 완화(온실가스 감축)와 기후변화 적응"에 주력하는 금융이라고 구분한다. 녹색금융은 경제 성장 및 환경 개선, 금융산업의 발전을 동시에 추구하는 다소 복합적인 목적을 가진 미래지향적 금융이다. 첫째, 경제성장적 측면에서는 경제 신성장 동력으로 환경친화적 산업의 육성, 녹색기술 개발 및 일자리 창출, 탄소배출권 거래 활성화를 통한 기업의 부담 완화 역할을 수행한다. 둘째, 환경개선 가능한 측면에서는 환경개선을 위한 법규의 제정, 녹색기술 개발을 통한 환경개선, 녹색산업 육성을 통해 환경개선, 탄소배출의 감축을 추구한다. 셋째, 금융산업 발전적 측면에서는 신금융상품의 개발과 전문 인력의 육성, 녹색산업 기술개발과 관련된 금융지원의 활성화, 기업의 리스크 관리 기법의 개선, 탄소배출권과 관련된 파생상품 거래를 통해 부가가치를 창출하고자 함을 그 목적으로 한다.

UNEP FI(Finance Initiative)는 경제 활동에 있어서 자원, 에너지의 효율을 높이고 환경의 개선을 위한 상품 및 서비스의 생산에 필요한 자금을 제공하여 녹색성장을 지원하는 행위와 더불어 지구환경의 파괴에 일조하는 기업에 공급되는 자금을 차단하기 위한 심사, 감시 메커니즘을 구축하는 활동 또한 녹색금융으로 정의하고 있다. 탄소중립 사회로의 전환을 위해 녹색투자에 대한 불확실성과 위험을 줄이고 새로운 성장동력으로서 녹색산업을 지원하는 동시에 탄소시장과 금융산업 발전을 추구하는 전략으로서 녹색금융의 역할이 부상하고 있다.

각국은 녹색금융 청사진을 마련하여 정책을 추진하고 있다. 유럽연합은 2018년 '지속가능금융 행동계획'을 통하여 녹색금융 활성화에 관한 전략을 발표했고, 녹색금융 분류체계에 관한 법제화를 완료하였으며, 영국도 2019년 녹색금융 전략을 수립하였다. 현재 각국의 녹색투자 수준은 파리협정에서 정한 목표를 달성하는 데 필요한 탈탄소화 수준보다 낮아, 상당한 녹색투자 간극이 발생하고 있으므로 자본의 흐름이 고탄소 경제와 산업에서 저탄소 경제와 산업으로 빠르게 옮겨갈 수 있도록 장려하는 금융의 역할이 중요하다. 국제에너지기구에 의하면 2050년 탄소중립을 달성하려면 에너지 분야에 매년 3.5조 달러의 투자가 필요하며, 이는 2015년 투자액(1.8조 달러)의 거의 2배 수준 기후이다. 기후변화가 더는 환경문제가 아니라 경제와 금융 문제로 인식되면서 금융시스템에 기후변화를 내재화하려는 글로벌 녹색금융 움직임이 증가하고 있다. 대표적으로 기업의 기후변화 관련 재무정보 공개를 요구하는 기후재무정보공시협의체(TCFD) 권고안에 78개국 2천여 개 이상의 기관이 지지를 선언하고 있다. 우리나라 금융기관의 기후변화 리스크 대응은 아직 미흡한 수준으로, 석탄발전, 1차 금속, 화학물질 · 화학제품 제조업 등 고탄소산업에 대한 위험노출액 규모는 파리협정 이후에도 지속해서 증가하고 있다.

(2) 한국의 녹색금융

녹색성장이란 환경개선과 경제성장을 동시에 추구하는 것으로 정의할 수 있다. 녹색금융은 녹색채권, 그린은행(Green Banks), 탄소시장상품, 재정정책, 그린중앙은행(Green Central Banking), 핀테크, 커뮤니티 기반의 그린펀드 등 투자를 통해 환경에 이익을 얻기 위한 공적인 영역을 포함하는 새로운 금융수단과 정책을 통칭한다. 우리나라의 녹색금융의 개념을 본다. 이는 녹색기술 및 녹색산업의 육성을 통하여 일자리의 창출과 관련 산업의 경쟁력 향상을 위해 선도하는 금융, 기업과 개인의 생산과 소비 등과 관련된 활동이 환경친화적으로 진행될 수 있도록 녹색금융상품을 개발하여 국가 경제 전반적인 에너지 효율의 개선 및 환경 훼손의 방지를 추구하는 금융이라 할 수 있다. 또한, 탄소시장의 형성 및 각종 환경적인 규제 강화 등 산업환경의 변화에 적절히 대응하여 금융기관의 신규 수익원을 발굴하는 것으로 보고 있다. 우리나라는 2021년 녹색금융 추진계획을 수립하고 12개 실천과제를 제시하였으며, 녹색금융 및 ESG 대응을 위해 공공기관, 금융기관과 기업도 대응하고 있다.

2. 녹색금융 제도

(1) 녹색금융과 정부역할

UNEP에 의하면 녹색금융은 "환경적 요인에 주력하는 금융"을 지향하며, 기후금융은 "기후변화 완화(온실가스 감축)와 기후변화 적응"에 주력하는 금융이라고 구분하고 있다. 녹색금융은 경제성장 및 환경개선, 금융산업의 발전을 동시에 추구하는 다소 복합적인 목적을 가진 미래지향적 금융이라 할 수 있다. 녹색금융을 환경개선과 관련된 상품 및 서비스를 생산하는 기업에 자금을 제공하여 저탄소 녹색성장을 지원하는 활동과 환경을 파괴하는 기업에 자금공급을 차단하는 활동 두 가지로 정의하고 있다.[79]

환경개선 및 녹색성장을 달성하기 위해서는 기업의 역할이 가장 중요하지만, 금융 부분에서도 기업이 이러한 방향으로 나아갈 수 있도록 정부가 유도하는 역할을 수행할 필요가 있다. UNEP FI는 금융기관이 지속가능발전의 중요한 기여자임을 인식하여 지속 가능한 발전에 대한 참여의지를 다지고, 다양한 지속가능경영 프로그램을 수행하며, 지속가능경영 홍보 노력을 기울일 것을 다짐하는 내용의 환경과 지속 가능한 발전에 대한 금융기관과 보험사의 자발적 참여를 유도하는 성명서를 지속적으로 공표하고 있다.

국가나 정부 차원에서 GSS 채권 또는 지속가능 연계채권 형태로 국채를 발행해 녹색금융 활성화를 지원할 필요가 있다. 탈산소를 지향하는 국내 중소기업을 지원하기 위해 녹색국채를 발행하는 것은 좋은 사례이다. 국가 차원에서의 지속가능연계채권 발행도 전환금융과 지속가능금융 활성화에 큰 도움이 될 것이다. 2022년 칠레가 세계 최초로 온실가스 배출량과 비전통적 신재생에너지로부터의 전력생산 비율을 지속가능목표(SPTs)로 한 지속가능연계채권을 발행했다. 우리나라도 국가온실가스감축목표(NDC) 달성을 위해 노력하고 있다는 사실을 명확히 할 필요가 있다.[80] 그린워싱(Green Washing)[81] 방지와 투자자 보호를 위한 장치도 지속가능금융 자금조달 활성화를 위해 꼭 필요하다. 녹색채권 평가기관들은 발행 시점에 평가결과를 공시해야 하고, 채권의 만기가 도래하기 전까지 사후검증을 통해 자금이 목표한 곳에 사용되고 있는지를 공시해야 한다. 현재 이 보고서들은 발행사와 평가사 홈페이지에 각각 공시되고 있는데, 투자자의 정보 접근성 확대와 그린워싱 방지노력을 위해 공시 장소를 일원화할 필요가 있다. 한국거래소가 사회책임투자(SRI: Socially Responsible Investment) 채권의 발행통계를 홈페이지에 공시하듯이, SRI 채권의 발행보고서 및 사후검증보고서도 동시에 공시한다면 거래소의 역할이 증대되고 SRI 채권에 대한 검증기능을 더욱 강화할 수 있을 것이다.[82]

(2) 녹색금융 활성화를 위한 녹색분류기준 정립

녹색금융은 환경적 지속가능성을 높이는 금융서비스와 상품으로 환경을 파괴하는 활동에 자금이 공급되는 것을 효과적으로 차단하는 역할을 한다. 하지만 녹색경제 활동을 판단하는 기준이 명확하지 않아 그린워싱(Green Washing) 논란을 불러일으키고 이는 투자자, 기업, 금융기관의 녹색투자를 위축시키는 동시에 녹색산업과 기술발전을 저해하는 결과를 초래한다. 2020년 상반기 말 기준 국내에서 '녹색금융'을 표방한 상품 규모는 약 51조 6천억 원(은행권 28조 원, 보험사 12조 원, 증권사 8조 8천억 원, 카드사 1조 9천억 원 규모)이나 '녹색금융'에 대한 정의와 분류에 있어 통일된 기준이 없다. 단순 건물 개보수 사업이나 친환경 인증을 받은 기업에 대한 단순 대출도 '녹색금융'으로 포함하는 한계가 있다. 녹색 관련 펀드 역시 본래 취지대로 자금이 적절하게 쓰였는지 입증해야 하는 제재 수단이 없고 임의원칙으로 운영되어 그린워싱에 대한 우려가 있다. 그린워싱을 방지하고 녹색투자를 촉진하기 위해서는 채권, 융자, 대출 등 금융상품의 녹색경제활동 여부를 판단할 수 있는 녹색분류체계 마련이 필요하다. EU는 지속가능금융분류체계(Taxonomy)를 마련한 후 EU 이사회의 승인을 완료하였다.

(3) 녹색금융의 기본조건

녹색금융의 기본조건은 크게 금융기관의 조건과 금융시장의 조건으로 나눌 수 있다. 먼저 금융기관의 조건으로 들 수 있는 것을 보면, 첫째, 금융상품, 둘째, Due-Diligence[83] 절차, 셋째, 중요한 리스크와 관리, 넷째, 중요한 이행실적지표, 다섯째, 녹색금융을 수행하기 위한 특별규정을 들 수 있다.

금융상품의 경우 녹색금융을 수행할 수 있는 대출 또는 투자모델이 필요하다. 녹색금융을 위한 특별규정을 제외하고 위 4가지 사항은 일반금융에도 해당하는 것이지만, 녹색금융의 경우 금융지원 대상 산업 및 사업에 있어서 높은 불확실성과 현재까지는 낮은 시장성, 미진한 기술개발 상황 등을 고려할 때 통상적인 금융에 비해 높은 리스크가 있다는 점에서 리스크 관리가 강조될 필요가 있다. 녹색금융상품에 투자하는 경우에 발생할 수 있는 리스크 특정과 해당 리스크를 어떻게 관리할 것인가도 중요하다. 예를 들어 신재생에너지 발전에 투자하는 경우 자연환경의 변화에 따른 리스크 발생과 그에 대한 투자자의 이익보호 및 위험관리가 이루어져야 한다. 해당 녹색금융의 수행에 따른 성과측정을 위한 지표도 마련될 필요가 있다. 마지막으로 해당 금융기관 내에서 녹색금융을 위한 내규 등이 마련되어야 한다.

3. 녹색채권

(1) 녹색채권의 정의

녹색채권은 일반 채권과 같은 고정수익증권(Fixed Income Securities) 중에 저탄소 · 친환경 · 녹색투자 지원을 목적으로 자금이 조성되어 녹색 라벨링이 된 채권을 지칭한다고 할 수 있다. 녹색채권이라는 용어는 최근 기후채권 및 ESG 채권과도 종종 함께 사용된다. 전 세계 공통적으로 사용되는 단 하나의 녹색채권에 대한 정의는 존재하지 않는다. 국제자본시장협의회(ICMA: International Capital Markets Association)는 일반 채권 중에 투자금을 신규 혹은 기존의 녹색사업, 자산, 비즈니스 활동지원에 사용한다고 약속한 경우 녹색채권이라고 규정한다. Swiss Sustainable Finance는 채권이 환경사업을 지원하기 위한 목적으로 발행되었을 때 녹색채권으로 분류하였다. 저탄소 · 기후친화적(Low-carbon and Climate-resilient) 투자에 중점을 두고 녹색투자 논의를 발전시켜 온 OECD는 환경적 편익이 따르는 녹색사업 지원을 위해 사용되는 채무증권을 녹색채권이라 정의하였다.

녹색채권은 친환경적 녹색사업으로 라벨링 된 모든 채권을 의미하기 때문에 기후변화 사업에 투자금을 사용하는 기후채권을 포함한다고 볼 수 있다. 이와 비슷하게 ESG 채권은 환경, 사회, 지배구조 등 공익을 목적으로 자금을 조달하는 채권으로 환경채권, 지속가능채권(Sustainable Bonds), 사회적 채권(Social Bonds)으로 나눌 수 있다.

(2) 금융적 특성

일반 채권과 같이 녹색채권 발행기관은 일정 금액을 정해진 기간 동안 투자자로부터 조달받고 합의된 이자(쿠폰이자)와 함께 만기 시에 원금을 지불한다. 대표적 기후금융 단체인 기후채권 이니셔티브(CBI: Climate Bonds Initiative)와 ICMA가 공통적으로 정리한 대부분의 녹색채권은 녹색투자금 집행 채권으로 투자금이 녹색사업에 배정되고 일반 채권과 마찬가지로 발행기관의 전체 자산을 통해 상환된다. 이때 동일한 기관에서 발행되는 일반 채권과 같은 신용평가가 적용된다. 녹색수익채권과 녹색사업채권은 녹색사업의 수익이 상환과 연결된다. 발행기관의 사업 수익으로 상환되는 경우 녹색수익채권이며, 특정 녹색사업에 투자되고 그 사업의 자산 및 수익으로 상환되는 경우 녹색사업채권으로 분류된다. 녹색수 채권의 예로 하와이 주정부가 전기세로 상환하는 녹색채권이 있다. 미국 비상장 에너지기업 인베너지(Invenergy)사가 풍력 단지 자산으로 상환하는 채권은 녹색사업채권의 예라 할 수 있다. 환경 개선 및 녹색성장을 달성하기 위해서는 기업의 역할이 가장 중요하지만, 금융 부분에서도 기업이 이러한 방향으로 나아갈 수 있도록 유도하는 역할을 수행할 필요가 있다는 문제의식에 의해 녹색금융이 등장하게 되었다.

4. 녹색금융을 통한 자금조달

(1) 차입(녹색여신)과 녹색채권

금융기관은 차주의 ESG 항목 평가를 위해 정부가 제시한 K-ESG 가이드라인을 참고해 다소 간소화된 정량평가 중심의 자체 평가모델을 개발하였다. 다음은 금융기관의 여신을 위한 평가 모형 사례이다. 녹색채권이란 발행자금을 환경개선 목적을 위해 녹색프로젝트에 사용하고, 녹색채권원칙(GBP: Green Bond Principles) 네 가지(자금 사용처,

프로젝트 평가 및 선정과정, 조달자금 관리, 사후보고) 요건을 충족하는 채권을 의미한다. 한국형 녹색채권 안내서에서는 녹색채권 관리체계를 수립하여 녹색채권 발행 등을 관리할 것을 권고하고 있는데, 녹색채권 관리체계에는 녹색채권 발행개요, 자금의 사용처, 대상 사업의 평가 및 선정 절차, 자금 관리방식, 사후보고에 관한 내용을 포함하고 있다.

(2) 녹색금융 발전을 위한 향후 과제 및 개선방안

녹색금융을 통해 기업에게 자원을 원활히 이동시키기 위해서는 정부, 피투자자, 투자자 측면에서의 지원과 노력이 필요하다. 국가나 정부 차원에서 지속가능금융에 대한 관심을 시장에 먼저 알려야 한다. 정부는 지속가능연계채권 형태로 국채를 발행해 녹색금융 활성화에 솔선수범할 필요가 있다. 탄소중립을 지향하는 국내 중소기업을 지원하기 위해 녹색국채를 발행하는 것은 좋은 사례가 될 것이고, 우리나라의 기후변화 위험에 대응하고 국가 기반시설 확장을 위해 사용할 목적의 자금을 기후채권 발행을 통해 모집하는 것도 좋은 방법이다. 민관 공동펀드의 운용도 지속가능금융 활성화를 위한 좋은 대안이 될 수 있다. 현재 민관공동펀드는 중소기업의 R&D 활성화 등 기술력 제고를 위한 목적이 대부분이다. 정부는 2022년 약 5,000억원 규모의 수소펀드와 2023년 녹색산업 수출펀드와 같이 지속가능산업 분야를 지원하는 펀드를 조성한 경험이 있는데, 지원 분야를 넓히고 민간의 참여를 더 확대해 탄소중립을 위한 자금이동을 활성화할 필요가 있다.

Chapter 07

전기자동차 관련 법제

Chapter 07

전기자동차 관련 법제

1. 전기자동차 현황과 탄소배출

(1) 세계 각국의 전기자동차 현황

전기자동차는 지속 가능한 환경을 추구하는 각국 정부 주도의 보급 정책에 의해 활성화되었다. 전기자동차는 기존의 휘발유, 경유 등 내연기관 중심의 자동차와는 달리 연료의 직접 연소가 필요하지 않다. 풍력이나 태양열 등의 대체에너지 생산 수단을 통한 전기 에너지를 사용하기 때문에 저탄소 발전, 대기질 개선, 소음 감소 및 온실가스 배출량 감소의 다양한 정책적 목표 달성에 기여한다.

세계 각국은 앞다투어 2050년을 목표로 탄소중립을 선언하고 있다. 유럽의 CO_2 규제 강화 움직임에 미국, 일본, 한국, 중국 등이 호응한 결과다. 이 목표 달성을 위해서는 모든 생활과 산업 영역에서의 동참이 요구되고 있다. 자동차 분야에서는 종래의 전통적인 내연기관차를 하이브리드차(HEV: Hybrid Electric Vehicle), 플러그인 하이브리드차(PHEV: Plug-in Hybrid Electric Vehicle), 순수 전기차(BEV: Battery Electric Vehicle), 연료전지차(FCEV: Fuel Cell Electric Vehicle)로 대체하여 이산화탄소를 감축하기 위한 움직임이 가속화될 것이다. 자동차의 전동화를 위해서는 모터와 차량용 배터리가 핵심이다. 탄소 배출량 억제와 관련하여 특히 전기차(EV: Electric Vehicle)용 배터리에 대한 관심이 크게 높아지고 있다.

미국 정부는 바이든 대통령이 서명한 행정명령에 의거하여 반도체, 배터리, 희토류, 제약 등 4개 전략 분야에 대한 서플라이체인(공급망)의 실태와 대응책을 제안하는 보고서를 제출한 바 있다. 파리기후협약을 준수하는 과정에서 세계 주요국이 2050년까지 탄소중립 달성 목표를 제시하고 2035년 이후 화석연료차의 운행을 중지하는 조치를 발표 중이다. 유럽의 탄소규제 강화와 바이든 행정부의 친환경정책 강화로 인해 내연기관차 대신 전기차로 전환하려는 각국의 움직임이 강하게 나타나고 있다. EU 국가, 미국 캘리포니아주, 일본, 한국 등은 내연기관(ICE) 승용차를 2035년까지 판매를 금지한다는 선언을 하고 있다. EU에서는 2017년부터 영국과 프랑스가 대기오염과 온난화 대책으로 2040년까지 내연기관차의 판매금지를 제안하였다. 미국은 파리협약을 탈퇴한 트럼프 정권에서 이산화탄소 규제가 없었고, 연비규제 수준도 이전보다 절반 정도 완화하였다. 전기차 판매가 누적으로 2만 대를 넘어서면 보조금이 없는 미국 시장은 테슬라, GM이 이 기준을 상회하므로 사실상 전기차 보조금이 없다. 전기차 확대의 유인이 부족하였으나 바이든 정권의 등장으로 이러한 기조가 변하고 있다. 일본은 2010년에 제정한 「차세대자동차전략 2010」에서 승용차 신차판매에서 차지하는 차세대자동차(HEV, PHEV, BEV 등) 비율을 2030년까지 50~70%로 규정하고, 그중 BEV와 PHEV 20~30% 달성을 목표로 설정하였다. 2018년 '자동차 신시대 전략회의 중간정리'에서 2050년까지 승용차의 전기차 비율 100%를 목표로 설정하였다. 그러나 일본 정부는 2050년까지 탄소중립화를 실현하기 위하여 2035년까지 승용차의 전기차 비율 100% 달성으로 목표를 앞당기게 되었다. 글로벌 전기차 판매 대수는 2019년 220만 대에서 2020년 320만 대로 전년 대비 40% 증가하였고, 2030년에는 5,100만 대로 예상된다.

2021년 유럽에서 전기자동차는 230만 대가 판매되었으며, 2020년에 비해서 66% 판매가 성장하였다. 2021년 중국에서는 350만 대 규모의 전기자동차가 판매되었고, 2020년에 비해서 150% 판매가 성장하였다. 중국은 현재 전 세계 전기자동차 판매에서 51%의 비중을 차지하고 있다. 2021년 독일에서 695,657대의 전기자동차가 판매되었고, 미국에서는 667,731대의 전기자동차가 판매되었다. 독일에서 전기자동차 판매가 미국 전체 전기자동차 판매를 앞서고 있다. 한국에서는 2021년 115,137대의 전기자동차가 판매되었고, 이는 2020년에 비해서 128% 증가한 것이다.[84]

(2) 전기차와 탄소배출 감축

EU는 적극적인 운송 분야 탄소배출 감축정책을 실시하였다. 대표적인 사례로 2011년에 발표된 EU 집행위원회 보고서인 '단일 유럽 교통 지역 로드맵(Roadmap to a Single European Transport Area)', 2014년 채택된 '대체에너지 인프라 구축을 위한 지침', 2021년 발표된 입법안 패키지인 'Fit for 55'를 들 수 있다. EU의 적극적인 운송 분야 탄소배출 감축정책에 따라서 유럽은 중국에 이은 세계 2위의 전기자동차 시장으로 부상하였다. 2021년에 EU 신규 등록 차량 중 전기자동차 비중은 17%를 넘어섰다.[85]

EU 집행위원회의 2011년 보고서 '단일 유럽 교통 지역 로드맵(Roadmap to a Single European Transport Area)'에서는 도심 내 휘발유 자동차와 디젤자동차를 2030년까지 50% 수준으로 감소하고, 2050년까지는 완전히 퇴출하는 전략을 제시하였다.[86] EU 집행위원회는 2021년 7월 2030년까지 탄소배출량을 1990년 수준 대비 55% 감축하기 위한 입법안 패키지인 'Fit for 55'를 발표하였다. Fit for 55에서 항공, 해운, 도로운송, 건물 분야에서 배출권거래제가 강화되거나 신규 적용되는 내용이 포함되었다. EU에서 역내 항공 부문 배출권의 82%는 무상할당 되었는데, 2026년까지 항공 부문 배출권 무상할당이 단계적으로 폐지될 계획이다. 그리고 2023~2025년 사이 해운 부문에, 2026년부터 육상운송 및 건축물 부문으로 EU의 배출권거래제가 확대 적용될 예정이다. Fit for 55 입법안에 "내연기관 규제 및 대체연료 인프라 확충" 관련 사항이 포함되었다. Fit for 55에 따르면, 2035년부터 하이브리드카를 포함한 내연기관 자동차 출시를 금지하며, 친환경 차량 개발, 생산 및 사용을 촉진하기 위해 대체연료 인프라 확충 목표가 제시되었다.[87]

세계 자동차업체들은 전기동력 · 자율주행 자동차산업으로의 원활한 사업전환을 위해 제품, 공정, 서비스의 혁신에 이어 비즈니스 모델과 조직혁신을 추진하고 있다. 자동차업체들은 소비자 취향의 다양화를 반영해 주문생산 체제인 셀(Cell) 생산방식과 무인 스케이트보드(Skateboard) 생산방식 등을 도입해 컨베이어벨트를 활용한 대량 생산 방식을 보완하고 있다. 이와 함께 자동차업체들은 제조업 중심의 사업구조에서 벗어나 새로운 수익원을 창출하기 위해 공유경제 관련 다양한 서비스사업에 진출하고 있다. 자동차업체들은 이러한 혁신을 효율적으로 추진하기 위해 조직을 개편하고 연구개발 투자를 확대하면서 다른 업종 업체뿐 아니라 경쟁업체와의 협력도 적극적으로 추진하고 있다. 개발과 상용화 기간을 단축하고, 자금부담을 완화하면서 국제표준을 선점해 새로운 시장에서의 경쟁력을 강화하기 위한 목적이다. 주요국 정부도 자동차 관련 기업들이 구조조정(Downsizing & Reengineering)과 구조개편(Restructuring)을 원만히 추진할 수 있도록 기술, 인력, 자금지원을 확대하고 있다. 자동차 관련 업체들의 혁신은 자동차산업 구조개편을 촉진하고 있다. 향후 자동차산업의 생산과 부가가치는 지속해서 증가하면서, 서비스사업 부문이 성장을 주도할 전망이다.

2. 배터리 산업

(1) 배터리 산업의 개요 및 전망

배터리(전지: 電池)는 전기를 담는 연못이라는 뜻이다. 전기는 기본적인 물리량의 정도를 표현할 수 있는 에너지라는 말로 바꾸어 생각할 수 있으며, 전지라는 것은 에너지를 담고 있는 다양한 형태의 저장공간으로 이해할 수 있다. 즉 배터리는 다양성을 포함하고 있는 에너지의 개념인 것이다. 4차 산업혁명에 대부분의 디바이스들이 기본적으로 배터리를 사용해야 하며, 이런 점에서 배터리 시장의 중요성과 성장성은 매우 크다. 전기자동차의 성장은 전기 자동차의 폐차나 수리, 배터리 효율의 하락으로 인한 교체 과정에서 발생하는 폐기물인 폐배터리의 처리 문제를 야기한다. 전기자동차 배터리는 니켈, 코발트, 리튬 등 유가금속을 포함하고 있어 폐배터리의 체계적인 관리가 필요하다.

우리나라는 배터리 생산에 필요한 대부분 금속을 전량 수입에 의존하고 있다. 따라서 전쟁이나 전염병과 같은 공급망 상의 변화가 발생하는 경우 해당 자원의 공급량이나 가격의 불확실성이 높아진다. 리튬이나 코발트와 같은 희귀 광물의 보유국은 광산 개발이나 수출을 엄격하게 관리하거나 통상 압력의 수단으로도 이용하고 있다. 따라서 해외 투자를 통한 해당 자원의 확보나 기존 폐배터리의 재활용을 통한 자원 확보의 필요성이 높다.

(2) 배터리 시장의 역사와 안전성 이슈

2006년은 글로벌 배터리 시장의 구도가 재편되는 중요한 해였다. 1991년부터 상용화되기 시작하여 약 15년간 이어진 SONY사의 리튬이온배터리 글로벌 시장 독주체제가 바뀐 시기이다. SONY사가 공급하는 배터리를 사용한 노트북에서 다수의 발화사고가 일어나기 시작했다. 이때부터 글로벌 시장을 독점하다시피 한 일본산 배터리에 대한 회의적인 시각이 나오기 시작했다. 때마침 상용화에 성공한 국내 기업들의 배터리 성능이 인정을 받으면서 K-배터리가 글로벌 시장에 모습을 나타낼 수 있었다. 2006년 소니 노트북의 발화사고는 배터리가 내재하고 있는 다양한 형태의 '에너지 통제' 문제였다. 이 '에너지 통제'에 관한 이슈가 글로벌 배터리 시장의 판도를 바꾸어 놓게 된 것이다. 전기자동차(EV)와 에너지저장장치(ESS: Energy Storage System)에 대한 화재가 이슈가 된다. 리튬배터리가 내재하고 있는 위험성에 대해서 향후 배터리 시장을 회의적으로 전망하는 전문가도 있다. 앞으로 배터리 시장의 최대 이슈는 "에너지의 통제와 제어"의 문제로부터 더욱 안전한 배터리를 만드는 것이 될 것이다.

2021년 기준 전 세계 신차시장 중 전기차의 비중은 약 6.8%이다. 전기차 시장의 규모가 2030년까지 신차시장의 약 30% 수준만 되더라도 지금 우리 기업(배터리 제조사: LG에너지솔루션, 삼성SDI, SK온)의 매출은 2021년 기준 약 27조 원에서 100조 원 이상으로 확대될 것이다. 그 크기를 쉽게 짐작할 수 없을 정도로 성장세가 가파른 배터리

산업에서 가장 중요하게 생각해야 할 부분은 바로 배터리의 안전성, 즉 "어떻게 하면 배터리를 안전하게 잘 통제하여 사용하는가"에 대한 문제와 직결되어 있다.

(3) 세계 각국의 배터리 현황

전기자동차 배터리 수요는 전기자동차 시장규모와 같이 지역별로 차이가 있었다. 세계 최대 전기자동차 시장인 중국이 전기자동차 배터리 시장규모에서도 1위를 차지하고 있고, 그 뒤를 전기자동차 시장규모에 따라서 유럽과 미국이 있다. 2020년 비해서 2021년 배터리 수요는 중국에서 140% 증가하였고, 미국에서 두 배가 되었고, 유럽에서 70% 증가하였다.[88] 2021년 전 세계 시장점유율로 보았을 때, 전 세계 10대 배터리 생산기업은 CATL, LG에너지솔루션, 파나소닉, BYD, SK온, 삼성SDI, CALB, Guoxuan, AESC, SVOLT 등이었다. 전 세계 전기자동차 판매는 BYD와 같은 중국 자동차기업, 테슬라와 같은 미국자동차기업, 폭스바겐과 같은 유럽 자동차기업과 한국 자동차기업인 현대자동차가 주도하고 있다. 반면에 전 세계에 공급되는 전기자동차 배터리의 대부분은 CATL과 같은 중국기업, LG에너지솔루션과 같은 한국기업, 파나소닉과 같은 일본기업이 주도하고 있다.[89]

전기자동차의 핵심소재인 배터리의 안정적인 확보는 운송 분야에서 온실가스 감축에 핵심적인 사안이 되었다. 중국, 유럽, 미국에서의 전기자동차 이용 확대에 따라서 전기자동차 배터리 수요는 급속도로 확대되고 있다. 이에 따라서 EU 집행위원회 주도로 EU 회원국, 산업체, 과학기술 분야 연구소 등과 협력하여 2017년 유럽배터리연합(EBA)을 출범시켰다. EU는 역내에 배터리 가치사슬 구축을 목표로 역내에서 배터리 연구 프로젝트를 지원하고 있다. 한국의 LG에너지솔루션, 삼성SDI, SK온은 전 세계 10대 배터리 제조사이다. 한국기업은 중국 배터리 제조사, 일본 배터리 제조사와 비교하면 유럽 시장에 대한 의존도가 높다.[90]

(4) 폐배터리 문제

전기차에서 한 차례 사용된 후 분리 배출된 배터리는 통상 이러한 배터리를 못 쓰게 되거나 필요가 없어졌다는 의미에서 '폐(廢)배터리'로 지칭해 왔다. 처리 역시 기존 폐기물 정책의 연장선상에서 새로운 유형의 폐기물 관리라는 차원으로 접근해 왔다. 그러나 전기차에 한 번 쓰고 난 이후, 배출, 수거(반납)된 배터리는 잔존 용량 수명이나 배터리 건강상태 등에 따라 원래 목적이었던 전기차용 배터리로도 재사용되거나, 심지어 다른 목적으로 재차 사용이 가능하다. 전기차 사용 후 배터리에 대해 최근 기술적 차원에서 이를 활용한 새로운 비즈니스에 대한 접근이 이루어지고 있지만, 실제 전기차 사용 후 배터리 활용을 위한 비즈니스를 활성화하고 지원할 정책적 연구는 거의 전무하다. 전기자동차의 배터리는 일반 폐배터리와는 달리 해체를 통한 재활용 이외에도 성능 평가를 통해 재사용이나 재제조 등을 통한 2차적 사용이 가능하다. 수거된 전기차 배터리에 대한 진단을 통해 80% 이상의 수명이 남아 있는 경우에는 전기자동차에 재사용이 가능하다고 알려져 있다.

이외의 경우 신재생에너지 연계형 에너지저장장치, 무정전 전원 공급장치 등의 고정형 에너지저장장치로 활용이 가능하다. 이동형 에너지저장장치로는 전동 스쿠터나 골프 카트, 전기 선박 등에 사용할 수 있다. 이러한 관점에서 전기자동차의 사용 후 배터리는 수거와 관리를 통해 파쇄를 통한 유가금속을 회수하는 재활용과 더불어 잔존가치를 활용하여 더 높은 가치 창출의 자원 순환고리를 만들어 낼 수 있다. 산업통상자원부는 2021년 6대 핵심 유망 분야로 배터리 재사용 분야를 선정하였고 사용 후 배터리의 성능평가 및 분류체계에 대한 추진을 가속화하고 있다. 따라서 반납된 전기자동차 폐배터리에 대한 효과적인 관리 시스템이 필요하다. 현재는 반납되는 전기차 배터리는 보조금을 지급하는 지방자치단체를 통해 관리되고 있으나 자원 재활용이라는 관점에서 체계적인 관리가 필요한 실정이다. 재활용을 통해 확보되는 유가금속은 국내 전기차 배터리 산업에 활용될 수 있다. 또한 성능평가를 거친 폐배터리는 재사용 혹은 2차적 사용이 가능하여 관련 산업의 활성화에 기여할 수 있다. 따라서 이러한 정보를 단계별로 투명하고 신속하게 제공할 수 있는 정보 인프라가 필요성이 높다고 할 수 있다.

국내 전기자동차 보급 계획이 2016년 12,000대에서 2022년까지 350,000대로 확대됨에 따라 폐배터리 발생량도 급증할 것이다. 현재 전기자동차 폐배터리에 대한 재활용 체계가 매우 미흡한 실정이다. 현행「전기 · 전자제품 및 자동차의 자원순환에 관한 법률」제26조에 의하면 폐자동차는 대통령령으로 정하는 재활용 방법과 기준에 따라 재활용하도록 하고 있으나 전기자동차의 폐배터리에 대한 구체적인 재활용 방법은 아직 마련되어 있지 않아 사실상 사각지대에 놓여 있다. 탈거된 배터리는 발화 및 폭발 등의 안전 문제가 있기 때문에 배출, 수거, 전처리, 자원회수, 활용의 각 단계별로 관리상의 기준 수립이 필요하다.

전기차 중 리튬이온 전지가 사용된 하이브리드 자동차의 본격적인 판매가 시작된 2010년 초반 이후 폐차 처리된 자동차 또는 자동차 제조과정에서 발생한 리튬이온 배터리는 극히 적은 수로 대부분 자동차 제조업체와 폐기물처리(전지재활용업체)가 연계하여 처리하고 있는 실정이다. 이 과정에서 필요한 전지팩 해체기술 등은 제조사에서 가이드라인을 제공하고 있었다. 2021년 3월 8일「전기자동차 폐배터리의 분리 · 보관방법에 관한 세부규정」이 제정되면서 전기차 사용 후 배터리의 분리 · 보관 방법에 대한 최소한의 규정 및 매뉴얼은 만들어졌지만, 실질적인 책임 및 처리방법에 관한 내용은 아직 없는 상태이다. 제주특별자치도에서는 전기차 연관 산업 추진의 일환으로 '폐배터리 재사용 센터 구축 사업'을 진행 중으로 본 사업은

「대기환경보전법」에 의거 보조금을 받은 전기차 배터리에 대하여 도지사에게 반납하도록 되어 있어 수거된 배터리는 재활용 공정을 통해 ESS 원료로 재활용하는 시스템을 구축했다. 따라서 「전기 · 전자제품 및 자동차의 자원순환에 관한 법률」에서 전기차 폐배터리의 재활용과 관련한 기준 제시 및 관리 책임이 필요하다.

국내의 전기자동차 사용 후 배터리 비즈니스 모델 및 실증사례에 현대자동차, 현대제철, 성일 하이텍, 서울에너지 드림센터가 있다. 2018년 6월 현대 자동차는 핀란드 에너지기업 바르질라사와 파트너십을 체결하고 아이오닉 사용 후 배터리를 활용한 1MWh급 산업용 ESS 실증에 착수하였다. 현대제철은 당진제철소에서 280kWh(가용용량: 250kWh)급 중고사용 후 배터리 재사용 ESS를 구축하고 운영 중이다. 성일 하이텍은 사용 후 배터리를 수집하여 방전과정을 거친 후 파쇄 · 분쇄 공정을 시행해 발생하는 배터리 분말에 황산을 혼합하여 용매 추출공정을 거쳐 코발트, 니켈, 리튬을 추출하여 다시 배터리 원소재 업체에 납품하고 있다. 서울에너지 드림센터의 사례는 서울 남산 전기버스의 사용 후 배터리(10팩)를 재활용한 재사용배터리(100kWh)와 새 배터리(344.88kWh)로 구성된 하이브리드 형태로 ESS(약 445kWh)를 조성하여 에너지 자립 건물을 구현해 낸 대표적인 사례라고 할 수 있다.

3. 배터리 정책 전망

(1) 국가별 정책

운송 분야의 온실가스 감축을 위해서 EU는 배출가스 규제와 전기자동차 활성화를 위한 인프라 확충정책을 실행하였다. EU와 EU회원국의 정책적인 노력에 힘입어서 유럽에서 전기자동차 판매는 급속하게 확대되었다. 유럽은 현재 세계 제2위의 전기자동차 시장이다. 또한 유럽기업은 전 세계 전기자동차 시장을 주도하고 있다. 반면에 전기자동차의 핵심부품인 배터리 산업의 경우, EU의 역할이 미미하였다. 중국, 유럽, 미국에서의 전기자동차 이용확대에 따라서 전기자동차 배터리 수요는 급속도로 확대되고 있다.

한국의 LG에너지솔루션, 삼성SDI, SK온은 전 세계 10대 배터리 제조사이다. 한국기업은 중국 배터리 제조사, 일본 배터리 제조사에 비해 유럽시장 의존도가 크다. 2022년 중국의 배터리 제조사인 CATL은 독일에서 배터리 생산허가를 받았다. 유럽시장에서 한국 배터리 제조사에 대한 중국기업의 도전에 대응하기 위해서는 현지 기업들과 협력을 확대할 필요가 있다. EU 역내 배터리 가치사슬 형성을 위해서, EU집행위원회 주도로 EU회원국, 산업체, 과학기술 분야 연구소 등과 협력하여 2017년 유럽배터리연합(EBA: European Battery Alliance)이 출범하였다. 그리고 EBA에는 글로벌 배터리 제조사 및 자동차기업들의 EU 역내 자회사들이 참여하고 있다. 미국의 테슬라, 토요타 자동차의 유럽법인인 Toyota Motor Europe, 삼성SDI의 유럽법인인 Samsung SDI Europe GmbH, LG에너지솔루션의 유럽법인인 LG CHEM Europe GmbH, CATL의 유럽법인인 CATL-Contemporary Amperex Technology Thuringia GmbH 등이 EBA에 가입하여 있다.

(2) 미(美)「인플레이션 감축법(IRA)」 영향

미(美)「인플레이션 감축법(IRA: Inflation Reduction Act)」[91]은 미국 내 물가상승 억제와 기후변화 대응을 목적으로 제정된 법이다. 전기자동차 세액공제 조건 변화 규정을 담고 있어 국내 산업에 적지 않은 영향을 줄 전망이다. 앞으로는 북미에서 최종 조립된 전기차가 아니면, 그리고 일정 비율 이상의 광물과 부품이 북미 등의 지역에서 생산된 배터리를 사용하지 않으면 전기차 세액공제(사실상 보조금 효과) 대상에서 배제된다. IRA 발효로 국내 자동차산업은 피해가 예상된다. 미국 내 생산 기반 부재로 전기차 세제 혜택을 받지 못하게 된 우리 기업들이 미국 시장에서 경쟁사에 비해 가격경쟁력 열위에 처하게 됐기 때문이다. 국내 이차전지 산업도 배터리 관련 규정 충족이 쉽지 않아 단기적으로는 어려움이 예상된다. 다만, 최근 국내 이차전지 기업들이 북미지역 생산 기반을 빠르게 확장 중인 만큼 중장기적으로는 IRA가 기회요인으로 작용할 가능성도 있다.

국내 산업 영향 관점에서 이번 IRA 법안 중 주목해서 보아야 할 조항은 Section 13401이다. Section 13401에는 미국에서 판매되는 전기자동차 세액공제(사실상 보조금 효과) 적용 조건들이 명시되어 있는데, 이들 규정이 우리의 주력산업인 자동차 및 이차전지 산업에 미칠 영향이 클 것이다. 특히 미국의 IRA 발효는 '반도체와 과학법(Chips and Science Act)'과 더불어 미국 중심의 공급망을 구축하여 반도체, 전기차, 이차전지 등 첨단산업 분야에서 중국의 부상을 견제하겠다는 미국 지도부의 의도가 입법을 통해 명확히 드러난 것이다. IRA Section 13401의 핵심을 요약하면 전기차 세액공제 혜택을 적용받기 위해 서는 ① 최종 조립 조건, ② 배터리 핵심 광물 조건, ③ 배터리 부품 조건 등의 IRA 법상 규정된 조건들을 충족해야 한다는 것이다. 첫 번째 조건인 '최종 조립 조건'은 최종 조립(Final Assembly)이 북미(North America)에서 이루어진 전기차만 세액공제 혜택을 받을 수 있음을 의미한다. 동 조건은 IRA 발효 즉시 적용된다. 즉, 2022년 8월 16일 이후에 미국에서 판매되는 전기자동차 중에서 북미에서 제조된 전기차만 세액공제 혜택을 받을 수 있다. 두 번째 조건은 '배터리 핵심 광물 조건'이다. 동 조건은 전기차 탑재 배터리에 내재된 핵심 광물(Critical Minerals)이 일정 비율 이상 미국 또는 미국의 FTA 체결국에서 추출 또는 처리되거나 북미에서 재활용된 광물인 경우에 한해서 3,750달러 상당의 전기차 세제 혜택을 받을 수 있음을 의미한다. 핵심 광물 비율은 2023년 40%를 시작으로 매년 증가해 2027년 이후부터는 80%로 고정되는 구조다. 세 번째 조건은 '배터리 부품 조건'이다. 동 조건은 전기차 탑재 배터리 부품 중 일정 비율 이상이 북미에서 제조 또는 조립된 경우에 한해 3,750달러 규모의 세금 혜택을 받을 수 있음을 의미한다. 배터리 부품 조건 역시 2023년 50%에서 매년 증가하는 구조이며 2029년 이후부터는 100% 전량 북미에서 제조 또는 조립이 이루어져야 한다. 배터리 관련 두 규정은 발효 즉시 적용되는 최종 조립 조건과 달리 2023년 1월 1일부터 적용될 예정이다.

IRA 13401는 배터리 관련 추가 규정을 2개 더 두고 있다. 첫 번째는 전기차에 탑재된 배터리에 해외우려집단(Foreign Entity of Concern)으로부터 추출, 처리 또는 재활용된 광물이 조금이라도 포함되어 있으면 세제지원 대상에서 제외된다는 조건이다. 2025년 1월 1일부터 적용된다. 두 번째 조건은 해외우려집단으로부터 공급받은 부품이 일부라도 포함된 배터리가 탑재된 전기차 역시 지원 대상에서 배제된다는 조건으로 2024년 1월 1일부터 도입될 예정이다. 이 밖에도 세액공제 차량 가격 상한 및 구매자 소득 상한 조건이 2023년부터 적용되며, 업체당 20만 대까지만(누적 판매 대수 기준) 세액공제 혜택을 주는 기존 규정은 2023년 1월 1일부로 해제되어 동 규정을 적용받던 테슬라 및 GM의 경우 판매 대수와 상관없이 세제 혜택을 받게 될 가능성이 생겼다.

(3) IRA 발효가 국내 이차전지 산업에 미치는 영향

우리나라 이차전지 산업은 이미 세계적인 경쟁력을 보유한 것으로 평가받고 있다. IT용 소형 배터리와 ESS(에너지저장장치) 분야는 세계

1위를 유지 중이다. 전기차용 배터리는 중국에 이어 세계 2위지만 최근 격차를 상당히 좁히고 있다. 글로벌 전기차용 배터리 시장은 한 · 중 · 일의 6개 사(社)가 전체 시장의 약 83.9%를 차지하고 있다. 전체 시장점유 순위로 따지면 CATL(중국), LG에너지솔루션(한국), 파나소닉(일본) 순(2020년 기준)이다. 국내 이차전지 산업은 IRA 발효로 단기적으로는 일부 악영향이 있을 수도 있지만 중장기적으로 악재가 아닌 호재로 작용할 가능성이 크다. IRA 발효 이전부터 국내 배터리 기업들이 미국 시장 진출을 적극적으로 추진했었고 GM, 포드, 스텔란티스 등 다양한 글로벌 완성차 기업들과 협력관계를 강화해 왔다. IRA Section 13401의 해외우려집단 규정 등이 본격적으로 가동될 경우 중국 이차전지 기업들의 미국 시장 내 입지는 더욱 축소될 것이므로 국내 기업에게 미국 배터리 시장 선점을 위한 기회요인으로 작용할 수 있다. 현재 국내 이차전지 기업들이 미국 시장에서 경쟁력 우위를 지속적으로 유지하려면 배터리 원료 · 소재 · 부품에 대한 공급망 다변화가 가장 중요한 과제다.

참고문헌

과학기술정보통신부 · 과학기술정책연구원 · 한국과학기술원, 『대한민국 과학기술 미래전략 2045』, 2020.

국무조정실 규제조정실, 『규제샌드박스 백서_신기술이 빛을 보게 하다』, 대한민국정부 · 대한상공회의소, 2022.

규제개혁위원회, 『2020 규제개혁백서』, 2021.

산업통상자원부, 2018 합동 기업 · 현장 설명회 자료, 2018.

산업통상자원부, 『탄소중립 산업 · 에너지 R&D 전략』, 2021.

김남욱, 「풍력발전의 환경침해에 관한 법적검토」, 『국가법연구』, 제18집 제1호, 한국국가법학회, 2022.

김동구, 「유럽 그린딜의 주요 내용, 세계원전시장 인사이트 현안이슈」, 『연구보고서』, 에너지경제연구원, 2020. 2.

김상만, 「신기후체제 파리협정(Paris Agreement)의 역사적 의의와 한계에 대한 고찰」, 『아주법학』, 제9권 제4호, 아주대법학연구소, 2016.

김성진 · 한희진 · 박보라, 「한반도 탄소중립을 위한 남북 기후개발협력 방안 연구」, 『KEI정책보고서』, 2021-08, 한국환경연구원, 2021.

김승래, 「탄소세 도입방안과 파급효과 및 성과 분석-과세대상 범위의 비교를 중심으로」, 『재정정책논집』 제23집 제3호, 한국재정정책학회, 2021.

김영수, 「독일 연방기후보호법의 분석 및 2021년 3월 24일자 연방헌법재판소의 동 법률일부 위헌결정과 후속논의」, 『중앙대 법학논문집』, 제45집 제2호, 중앙대학교 법학연구원, 2021.
김이배 · 심동희 · 최종원, 「녹색금융 활성화를 위한 개선방안 연구」, 『국제회계연구』, 제110집, 한국국제회계학회, 2023.
김주희 · 안상욱 · 이보고 · 김은주, 「EU 기후변화 대응과 에너지자원선택 – 미국, 중국과의 비교를 중심으로」, 『유럽연구』, 제38권 제3호, 한국유럽학회, 2020.
김태영 외 7인, 「탄소중립 이행에 따른 경제산업분야의 쟁점과 대응방향」, 『정책연구』, 2022-72, 경기연구원, 2022.
김태호, 「기후변화 헌법소송의 논리 – 독일 헌재 위헌결정 법리의 비교법적 함의를 중심으로」, 『저스티스』, 통권 제186호, 한국법학원, 2021.
김희정, 「독일연방헌법재판소의 연방기후보호법 위헌결정에 대한 분석과 평가」, 『헌법학연구』, 제28권 제1호, 한국헌법학회, 2022.
노지훈, 「유럽연합 환경규제 'Fit for 55' 분석과 한국 기업의 대응방안에 관한 연구」, 『환경법과 정책』, 제30권, 강원대학교 비교법학연구소, 2022.
문진영 외 4인, 「유럽 그린딜 관련 국제사회의 주요 이슈 및 시사점」, 『오늘의 세계경제』, Vol. 20, 대외경제정책연구원, 2020.
박시원, 「기후위기 적응 정책과 기후정의의 문제 – 최근 발의된 기후위기대응법안들을 중심으로」, 『환경법연구』, 제43권 제1호, 한국환경법학회, 2021.
박시원 · 김승완, 「영국 탈석탄 정책의 배경과 주요 법제」, 『환경법과 정책』, 제24권, 강원대학교 비교법학연구소, 2020.
배영자, 「동아시아 원자력 발전 안전 거버넌스 연구」, 『국제 · 지역연구』, 제30권 제1호, 서울대학교 국제학연구소, 2021.
손인성 · 김동구, 「파리협정 이행규칙과 국내 감축정책 이행에의 시사점」, 『에너지경제연구원 수시연구보고서』, 19-06, 에너지경제연구원, 2020.
송동수 · 최선영, 「탄소중립 구현을 위한 CCUS 기술의 촉진에 관한 법제 연구 – 이산화탄소 포집 · 이용을 중심으로」, 『환경법연구』, 제44권 제1호,

한국환경법학회, 2022.
송인옥 · 송동수, 「탄소중립 이행을 위한 녹색기술의 규제샌드박스 개선방안」, 『환경법과 정책』 제30권, 강원대학교 비교법학연구소, 2022.
안상욱, 「EU 운송 분야 탄소중립 정책과 배터리산업」, 『유럽연구』, 제40권 제4호, 한국유럽학회, 2022.
안세웅 · 이희선, 「태양광 및 풍력단지의 개발에 따른 환경적 사회적 문제 분석 및 대응방안」, 『환경정책연구』, 제10권 제3호, 한국환경연구원, 2011.
안예현 · 윤은주 · 박종화 · 김은화 · 홍나은, 「탄소중립 전환 취약지역 지원방안」, 『국토정책 Brief』, No. 910, 국토연구원, 2023.
이슬기 · 허선경 · 김종기 · 서동혁, 「탄소중립 이행을 위한 수소산업 육성 전략 연구」, 『연구보고서』, 2022-07, 산업연구원, 2022.
이시연, 「국내외 ESG 투자 현황 및 건전한 투자 생태계 조성을 위한 시사점」, 『KIF금융조사리포트』, 2021-01, 한국금융연구원, 2021.
이준서, 「기후위기 대응을 위한 탄소중립 · 녹색성장 기본법의 제정 의의와 그 이행을 위한 향후 과제」, 『환경법연구』, 제43권 제3호, 한국환경법학회, 2021.
이재용, 「원전 사이버 해킹, 안전에 빨간불 켜지나」, 『이슈진단, Electric Power Journal』, 뉴스, 2015 January. https://www.epj.co.kr/news/articleView.html?idxno=7861
이재협 · 박진영, 「분산전원 활성화를 위한 법제도의 정비 – RE 100 캠페인과 전력구매계약(PPA)를 중심으로」, 『환경법연구』, 제43권 제3호, 한국환경법학회, 2021.
이재희, 「기후변화에 대한 사법적 대응의 가능성: 기후변화 헌법소송을 중심으로」, 『저스티스』, 통권 제182-2호, 한국법학원, 2021.
이준서, 「기후위기 대응을 위한 탄소중립 · 녹색성장 기본법의 제정 의의와 그 이행을 위한 향후 과제」, 『환경법연구』, 제43권 제3호, 한국환경법학회, 2021.
이천기 외 2인, 「EU 탄소국경조정 메커니즘에 대한 통상법적 분석 및 우리

산업에의 시사점」, 『KIEP 오늘의 세계경제』, Vol. 21 No. 15, 대외경제정책연구원, 2021. 7.

이혜경, 「유럽그린딜(European Green Deal) 논의 동향과 시사점」, 『외국입법 동향과 분석』, 제25호, 국회입법조사처, 2020.

임소영 · 양주영, 「EU 탄소국경조정제도 입법안의 주요 내용과 시사점」, 『iKIET 산업경제이슈』, 제119호, 산업연구원, 2021.

장영욱 · 오태현, 「EU 탄소감축 입법안('Fit for 55') 주요 내용과 시사점」, 『KIEP 세계경제 포커스』, Vol. 4 No. 44, 대외경제정책연구원, 2021.

장은혜, 「EU 탄소국경조정 제도와 WTO 규범의 양립가능성'에 대한 유럽의회 보고서의 주요 내용 및 시사점」, 한국법제연구원 이슈브리프, 2021.

정남철, 「2050 탄소중립의 실현을 위한 신재생에너지법제의 개선방안」, 『저스티스』, 통권 제190호, 한국법학원, 2022.

정 혁, 「노르웨이의 탄소포집저장(Carbon Capture and Storage) 상용화를 위한 정책상의 과제와 시사점: Sleipner 프로젝트 중심으로」, 『유럽연구』, 제41권 제1호, 한국유럽학회, 2023.

정상근, 「주요국 사례를 통해 본 우리나라 고준위 방사성 폐기물 처분시설의 정책과 입법」, *JOURNAL OF IBT LAW*, Vol. 41, 동아대학교 법학연구소, 2023.

조홍식 · 최지현 · 박진영, 「그린뉴딜의 법정책학 – 그린뉴딜법안의 법이론적 검토 각서(覺書)」, 『환경법연구』, 제43권 제2호, 한국환경법학회, 2021.

지광운, 「독일의 ESG 관련 입법 동향」, 『비교사법』, 제30권 제3호, 통권 제102호, 한국사법학회, 2023.

채영근, 「선형경제에서 순환경제로 전환을 위한 입법론」, 『법학연구』, 제25권 제1호, 인하대학교 법학연구소, 2022.

채영근, 「2050 탄소중립 목표 실현을 위한 입법적 과제」, 『인하대학교 법학연구』, 제25집 제4호, 인하대학교 법학연구소, 2022.

최승필, 「기후변화대응의 법적기반에 대한 검토」, 『외법논문』, 제45권 제3호, 한국외국어대학교 법학연구소, 2021.

최용근, 「탄소배출권 거래에 관한 현황과 기업이 대처해야 할 과제」, 『법이론실무연구』, 제10권 제2호, 한국법이론실무학회, 2022.
최유경 · 조아영, 「유럽연합의 ESG법제화 현황 및 쟁점: NFRD와 SFDR 도입과 EU 회원국의 국내법적 수용을 중심으로」, 『경상대 법학연구』, 제30권 제1호, 경상대학교 법학연구소, 2022.
한민지, 「기후위기 대응을 위한 탄소중립 · 녹색성장 기본법에 따른 기후변화영향평가의 의의와 향후과제」, 『환경법연구』, 제44권 제1호, 한국환경법학회, 2022.
한상운 · 마아랑, 「탄소중립기본법의 의미와 향후 법적 과제」, 『법과 정책연구』, 제21집 제4호, 한국법정책학회, 2021.

미주

1 채영근, 「2050 탄소중립 목표 실현을 위한 입법적 과제」, 『인하대학교 법학연구』, 제25집 제4호(인하대학교 법학연구소, 2022. 12.), 68면.

2 김주희 · 안상욱 · 이보고 · 김은주, 「EU 기후변화 대응과 에너지자원선택 – 미국, 중국과의 비교를 중심으로」, 『유럽연구』, 제38권 제3호(한국유럽학회, 2020년 가을), 52면.

3 김주희 · 안상욱 · 이보고 · 김은주, 위의 논문, 54면.

4 김주희 · 안상욱 · 이보고 · 김은주, 위의 논문, 71면.

5 정남철, 「2050 탄소중립의 실현을 위한 신재생에너지법제의 개선방안」, 『저스티스』, 통권 제190호(한국법학원, 2022. 6.), 6면.

6 2050 탄소중립위원회, 「2050 탄소중립 시나리오」, 2021, 11면.

7 채영근, 위의 논문, 65면.

8 정남철, 위의 논문, 8면.

9 기후변화영향평가제도는 기후변화로 인한 각종 위험의 발생이 증가함에 따라 환경에 영향을 미치는 각종 계획수립 및 개발사업 추진 시 기후변화 영향을 예측하고 대비하도록 하는 제도.

10 온실가스감축인지 예산제도는 예산이 온실가스 감축에 미치는 영향을 분석하여 그 결과를 예산 편성에 반영하고, 결산 시 적정하게 집행되었는지를 평가하는 제도.

11 탄소 포집 및 활용 · 저장 기술(CCUS, Carbon Capture, Utilization and Storage)은 대기 중이나 배출가스에 포함된 이산화탄소를 모은 뒤 이를 산업적으로 활용하거나 안전하게 장기간 저장하는 기술.

12 정남철, 위의 논문, 9면.

13 국가온실가스감축목표(NDC: Nationally Determined Contribution): 2050년

까지 탄소중립을 추구하는 과정의 중간 단계로서 2030년까지 온실가스를 얼마나 감축할지에 대한 중간목표.

14 기획재정부장관, 교육부장관, 과학기술정보통신부장관, 외교부장관, 통일부장관, 행정안전부장관, 문화체육관광부장관, 농림축산식품부장관, 산업통상자원부장관, 보건복지부장관, 환경부장관, 고용노동부장관, 여성가족부장관, 국토교통부장관, 해양수산부장관, 중소벤처기업부장관, 국무조정실장, 방송통신위원회위원장, 금융위원회위원장, 산림청장, 기상청장.

15 안예현 · 윤은주 · 박종화 · 김은화 · 홍나은, 「탄소중립 전환 취약지역 지원방안」, 『국토정책 Brief』, No. 910(국토연구원, 2023. 3. 27.), 3면.

16 안예현 · 윤은주 · 박종화 · 김은화 · 홍나은, 위의 보고서, 8면

17 송인옥 · 송동수, 「탄소중립 이행을 위한 녹색기술의 규제샌드박스 개선방안」, 『환경법과 정책』, 제30권(강원대학교 비교법학연구소, 2022. 10.), 120면.

18 송인옥 · 송동수, 위의 논문, 121면.

19 https://world.moleg.go.kr/web/dta/lgslTrendReadPage.do?&CTS_SEQ=50035&AST_SEQ=3891&ETC=7

20 채영근, 위의 논문, 69면.

21 노지훈, 「유럽연합 환경규제 'Fit for 55' 분석과 한국 기업의 대응방안에 관한 연구」, 『환경법과 정책』, 제30권(강원대학교 비교법학연구소, 2022. 10.), 205면.

22 지광운, 「독일의 ESG 관련 입법 동향」, 『비교사법』, 제30권 제3호(한국사법학회, 2023. 8.), 84면.

23 노지훈, 위의 논문, 208면.

24 노지훈, 위의 논문, 206면.

25 노지훈, 위의 논문, 207면.

26 노지훈, 위의 논문, 214면.

27 노지훈, 위의 논문, 214면.

28 노지훈, 위의 논문, 219면.

29 노지훈, 위의 논문, 219면.

30 노지훈, 위의 논문, 219면.

31 박시원 · 김승완, 「영국 탈석탄 정책의 배경과 주요 법제」, 『환경법과 정책』, 제24권(강원대학교 비교법학연구소, 2020. 2.), 233면.

32 박시원 · 김승완, 위의 논문, 261면.

33 박시원 · 김승완, 위의 논문, 246면.

34 BAU란 흔히 있는 일을 일컫는 관용표현인데, 기후변화 현상과 관련하여 사용될 경우에는 감축을 위한 특별한 조치를 취하지 않을 경우 예상되는 온실가스 배출 전망치를 의미한다.

35 이준서, 「기후위기 대응을 위한 탄소중립 · 녹색성장 기본법의 제정 의의와 그 이행을 위한 향후 과제」, Vol. 43(한국환경법학회, 2021.), 243면.

36 채영근, 위의 논문, 81면.

37 채영근, 위의 논문, 83면.

38 김부미 기자, 전기신문 입력 2022. 7. 8. 15:34
https://www.electimes.com/news/articleView.html?idxno=306476

39 주간조선(http://weekly.chosun.com)
http://weekly.chosun.com/news/articleView.html?idxno=17948

40 sbs 우형준 기자, 2022. 4. 6. https://biz.sbs.co.kr/article/20000057383

41 최용근, 「탄소배출권 거래에 관한 현황과 기업이 대처해야 할 과제」, 『법이론실무연구』, 제10권 제2호(한국법이론실무학회, 2022. 5.), 167면.

42 최용근, 위의 논문, 170면.

43 채영근, 위의 논문, 70면.

44 정 혁, 「노르웨이의 탄소포집저장(Carbon Capture and Storage) 상용화를 위한 정책상의 과제와 시사점: Sleipner 프로젝트 중심으로」, 『유럽연구』, 제41권 제1호(한국유럽학회, 2023년 봄), 73면.

45 정 혁, 위의 논문, 73면.

46 김태영 외 7인, 위의 논문, 31면.

47 김태영 외 7인, 위의 논문, 33면

48 정 혁, 위의 논문, 79면.

49 정 혁, 위의 논문, 90면.

50 배영자, 「동아시아 원자력 발전 안전 거버넌스 연구」, 『국제 · 지역연구』, 제30권 제1호(서울대학교 국제학연구소, 2021년 봄), 108면.

51 배영자, 위의 논문, 110면.

52 배영자, 위의 논문, 122면.

53 배영자, 위의 논문, 134면.

54 이재용, 「원전 사이버 해킹, 안전에 빨간불 켜지나」, 『이슈진단, Electric Power Journal』, 뉴스, 2015 January. https://www.epj.co.kr/news/articleView.html?idxno=7861

55 이재용, 위의 논문, 66면.

56 이재용, 위의 논문, 67면.

57 이재용, 위의 논문, 67면.

58 정상근, 「주요국 사례를 통해 본 우리나라 고준위 방사성 폐기물 처분시설의 정책과 입법」, *JOURNAL OF IBT LAW*, Vol. 41(동아대학교 법학연구소, 2023.), 167면.

59 정상근, 위의 논문, 169면.

60 정상근, 위의 논문, 189면.

61 정상근, 위의 논문, 173면.

62 정상근, 위의 논문, 184면.

63 정상근, 위의 논문, 189면.

64 정상근, 위의 논문, 189면.

65 정상근, 위의 논문, 189면.

66 정상근, 위의 논문, 189면.

67 김태영 외 7인, 「탄소중립 이행에 따른 경제산업분야의 쟁점과 대응방향」, 『정책연구』, 2022-72(경기연구원, 2022. 11.), 25면.

68 김태영 외 7인, 위의 논문, 26면

69 김태영 외 7인, 위의 논문 27면

70 이슬기 · 허선경 · 김종기 · 서동혁, 「탄소중립 이행을 위한 수소산업 육성 전략 연구」, 『연구보고서』(산업연구원, 2022. 7.), 49면.

71 이슬기 · 허선경 · 김종기 · 서동혁, 위의 논문, 52면.

72 정남철, 위의 논문, 7면.

73 김병연 · 박종철 · 정웅채, 『ESG 경영과 법률』(정독, 2021), 7면.

74 https://www.unepfi.org/fileadmin/events/2004/stocks/who_cares_wins_global_compact_2004.pdf

75 한국기업지배구조원은 1999년에 우리나라 기업의 투명성과 효율성을 높임으로써 기업가치를 극대화가 되기 위하여 '기업지배구조 모범규준'을 제정하였고, 2003년과 2016년에 각각 기업의 지배구조에 관한 환경변화와 글로벌 스탠더드를 반영하기 위하여 개정하였다. 2010년에는 국내외 환경정책과 관행에 부합하는 환경경영의 원칙과 기준을 제시하기 위하여 '환경 모범규준'을 제정하고, 우리 기업의 특성과 글로벌 기준에 부합하는 사회적 책임경영에 대한 원칙 및 규준을 제공하기 위하여 '사회 모범규준'을 제정한 바 있다.

76 지광운, 위의 논문, 86면.

77 지광운, 위의 논문, 86면.

78 지광운, 위의 논문, 86면.

79 김이배 · 심동희 · 최종원, 「녹색금융 활성화를 위한 개선방안 연구」, 『국제회계연구』, 제110집(한국국제회계학회, 2023. 8.), 162면.

80 김이배 · 심동희 · 최종원, 위의 논문, 175면.

81 그린워싱(Green Washing)은 환경을 뜻하는 '그린(Green)'과 씻는다는 뜻의 '워싱(Washing)'을 합친 말로 기업이 실제로는 환경에 이롭지 않은 자사 제품을 환경에 이로운 것처럼 홍보하여 이익을 얻는 행위.

82 김이배 · 심동희 · 최종원, 위의 논문, 176면.

83 Due diligence라 함은 채권자로서의 금융기관이 프로젝트 타당성을 검토하는 일련의 과정으로 프로젝트의 내용과 구조, 사업성 등을 상업적 · 재무적 · 법적 · 기술적 측면에서 검증하는 업무(심사 또는 실사).

84 안상욱, 위의 논문, 9면.

85 안상욱, 「EU 운송 분야 탄소중립 정책과 배터리산업」, 『유럽연구』, 제40권 제4호(한국유럽학회, 2022년 겨울), 2면.

86 안상욱, 위의 논문, 4면.

87 안상욱, 위의 논문, 5면.

88 안상욱, 위의 논문, 13면.

89 안상욱, 위의 논문, 13면.

90 안상욱, 위의 논문, 21면.

91 「인플레이션 감축법(IRA: Inflation Reduction Act)」은 조 바이든 행정부의 정책인 Build Back Better에 포함되는 미국 가족계획(American Families Plan)의 수정안으로서 기후변화 대응 및 의료보험 확대 등의 내용을 담고 있는 법안.